私家工艺彩图馆

王嘉 编著

中侨彩图馆
刘凤珍 主编

中国华侨出版社

图书在版编目（CIP）数据

私家工艺彩图馆 / 王嘉编著 . — 北京 ：中国
华侨出版社，2015.12
（中侨彩图馆 / 刘凤珍主编）
ISBN 978-7-5113-5888-2

Ⅰ．①私… Ⅱ．①王… Ⅲ．①手工艺品－制作②折
纸－技法（美术） Ⅳ．① TS935.5 ② J528.2

中国版本图书馆 CIP 数据核字（2015）第 304098 号

私家工艺彩图馆

编　　著 /	王　嘉
丛书主编 /	刘凤珍
总 审 定 /	江　冰
出 版 人 /	方　鸣
责任编辑 /	兰　蕙
装帧设计 /	贾惠茹 杨 琪
经　　销 /	新华书店
开　　本 /	720mm×1020mm　1/16　印张：28　字数：665 千字
印　　刷 /	北京鑫国彩印刷制版有限公司
版　　次 /	2016 年 5 月第 1 版　 2016 年 5 月第 1 次印刷
书　　号 /	ISBN 978-7-5113-5888-2
定　　价 /	39.80 元

中国华侨出版社　北京市朝阳区静安里 26 号通成达大厦 3 层　邮编：100028
法律顾问：陈鹰律师事务所
发行部：（010）64443051　　　　传真：（010）64439708
网　址：www.oveaschin.com　　　E-mail：oveaschin@sina.com

手工的巨大魔力来自于制作的过程：充满了无穷变化，变化中带来无数惊喜；也来自于动手的乐趣和做成后的成就感：一张小小的纸片，通过简单的折、剪、翻、拉，在短短的时间里，一个个栩栩如生、精美绝伦的纸孔雀、纸玫瑰、纸船、纸果篮等便在手中诞生了；一根普通的绳子，经过编、抽、修，再加上缝珠、烧粘等，无论首饰、衣服配件和礼物包装的美化，以及室内各种陈设物品的装饰，都可以搭配来增添美观；耀眼的水晶、奢华的珍珠、个性张扬的金属、还有各种形状的珠子……只需花点小心思，不过几分钟，便可打造一个五彩缤纷的珠饰世界。手工的快乐还来自于制作过程中闪现的灵感和创意所带来的喜悦：只要发挥想象力，可以制作出任何你想要的东西。

中国结优美精致，造型对称，蕴含着浓郁的人文艺术气息。吉祥结寓意吉祥如意，大吉大利；盘长结代表回环延绵，长命百岁；团锦结说明团圆美满，锦上添花；同心结蕴含比翼双飞，永结同心；双钱结意指好事成双，财源茂盛……一根根小小的绳子里藏着人们宽广如天、幽深似海的心思，每种结都显现出人们内心热烈而浓郁的祝福和祈愿。如今，中国结与人们的生活结合得非常紧密，人们已经将中国结发展成为具有中国民族特色的产品，走向了世界。而编中国结不仅可以多学一门技艺，将这项中国古老的手工艺传承下去，也可以让休闲时光更为有趣，同时做出的中国结饰品不论是居家装饰还是送人都十分适宜。

折纸是一门非常受欢迎的手工艺术，拥有非常广泛的爱好者。折纸所吸引的不仅仅是孩子，也有成年人，以及无数将折纸视为终生事业的折纸艺术家们。折纸不仅是一种娱乐休闲的益智游戏，能够锻炼和提高人的动手能力，开发智力，可用于学校的美术教育，也常用于家庭的亲子活动中；而且是一种实用性很强的手工技艺，被广泛应用于家居生活、礼品包装和装潢装饰等方面；更是一项极富创造性的艺术形式，千变万化的造型和巧妙新奇的构思激发了人们无限的想象力和创造力。

串珠是一种老少皆宜的简单手工，它没有太复杂的工序，多年来一直深受大众喜爱。它的串法都十分简单，就是将各种材质、形状的珠子混搭，串制出不同的造型，创造出不同的风格，可谓是珠子和线材的完美结合，集典雅、美丽、梦幻、甜美于一身，演绎着时尚与流行的故事。一件件由自己亲手制作的串珠饰品，能够给人以不同的质感，如水晶珠就焕发出典雅的风采，充满着神秘感；珍珠洋溢着美丽光泽和高贵感。各种不同的串珠会有不同的主次搭配，成为你所独有的饰物。串珠饰物的魅力不仅是它的熠熠生辉、光洁照人，还可让你享受制作的愉快、喜悦、幸福、沉醉，还有眷恋的温暖。

为了让读者在最短时间内掌握中国结、折纸、串珠这三种手工制作，编者精心编写了本书。全书分三部分对每一种手工都做了详细的讲解。书中先介绍了百余款好学实用的中国结的制作方法，详尽地向读者介绍了现代人生活中的中国结，从手链、项链、发饰、古典盘扣、耳环、戒指到手机吊饰、室内挂饰、汽车挂饰都有不同的作品分列；接着全方位、多角度讲解折纸艺术，介绍了近百款折纸方法，解析折纸技巧，重点介绍了历来为人们所喜欢的经典作品、当今世界流行的折纸作品和顶级折纸大师的最新创意；最后，详细讲解了串珠的基本技法及配色技术，循序渐进地引导你了解串珠制作的各个环节，同时为串珠爱好者收集了200余款手链、项链、戒指、手机链、发饰等串珠作品。与此同时，对于每个作品，书中还配有详实、直观的步骤图。相信，准确简明的文字解说，加上精美大图，你只需几分钟，就可以学会书中的作品。

做好准备了吗？几张纸、几条绳、几颗珠子，一双手，学习手工，点缀生活，就从现在开始吧！

上篇

中国结
从入门到精通

中篇
折纸
创意实用一学就会

下 篇

串珠
造型百变好学易懂

中国结

—

从入门到精通

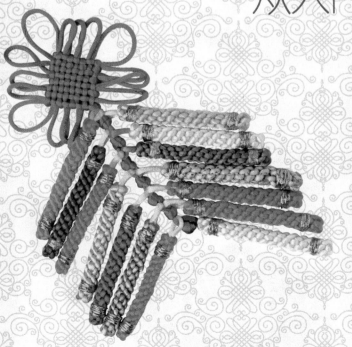

第一章

中国结基础编法

一根根小小的绳子里藏着人们宽广如天、幽深似海的心思，每种结都显现出人们内心热烈而浓郁的祝福和祈愿。本章将介绍中国结的基础编法。吉祥结寓意吉祥如意，大吉大利；盘长结代表回环延绵，长命百岁；同心结蕴含比翼双飞，永结同心；双钱结意指好事成双，财源茂盛；团锦结寄语花团锦簇，前程似锦；如意结特指万事称心，顺遂如意……

常用线材

3号线　　4号线　　5号线　　6号线　　4号夹金线

5号夹金线　　7号线　　A玉线　　B玉线　　七彩线

璎珞线　　银线　　如意扁线　　皮绳

蜡绳　　流苏线　　股线（6股、9股、12股）　　索线　　弹力线

常用配件

瓷珠（粉彩珠、青花瓷珠、
青花长形珠、四方瓷珠）

藏银珠

木珠

景泰蓝珠

珍珠串珠

铜钱

软陶珠

瓷花挂坠

饰带

玛瑙珠

高温结晶珠

猫眼石串珠

塑料珠

水晶挂坠

绿松石串珠

金属串珠

琉璃珠子

铃铛

挂坠

常用工具

镊子	热熔枪	万能胶水	剪刀	胶棒
夹嘴钳	珠针	套色针	打火机	蜡烛
胶圈	透明胶带	花托	双面胶	胶管
钩针	项链扣	龙虾扣	铁环	9针	别针
发夹	T针	插垫	软尺	手机挂绳	耳钩

单向平结

平结是中国结的一种基础结，也是最古老、最通俗、最实用的基础结。平结给人的感觉是四平八稳，所以它在中国结中蕴含着延寿平安、平福双寿、富贵平安、平步青云之意。平结分为单向平结和双向平结两种。

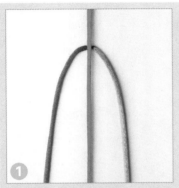

1、将两条线烧连成一条线，再同另一条线如图中所示的样子摆放。

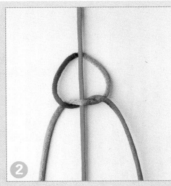

2、蓝线从红线下方穿过右圈；黄线压红线，穿过左圈。

3、拉紧后，蓝线压红线，穿过左圈；黄线从红线下方过，穿过右圈。

4、再次拉紧，重复步骤2、3。

5、按照步骤2、3重复编结，重复多次后，会发现结体变成螺旋状。

双向平结

双向平结与单向平结相比，结体更加平整，且颜色丰富，显得十分好看。

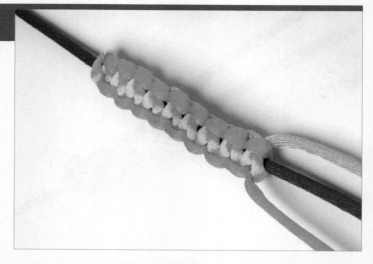

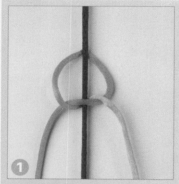

1. 将黄线与粉线烧连，以蓝线为中垂线，粉线压过蓝线，穿过左圈；黄线从蓝线下方过，穿过右圈。

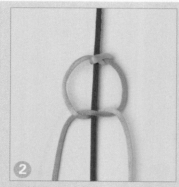

2. 拉紧，粉线压过蓝线，穿过左圈；黄线从蓝线下方过，穿过右圈。

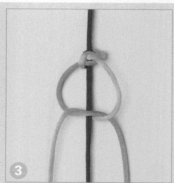

3. 粉线压过蓝线，穿过右圈；黄线从蓝线下方过，穿过左圈。

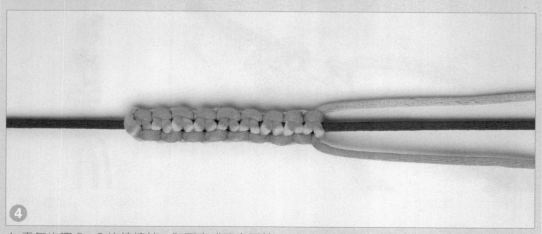

4. 重复步骤 2、3 连续编结，即可完成双向平结。

横向双联结

"联"，有连、合、持续不断之意。本结以两个单结相套连而成，故名"双联"。双联结是一种较实用的结，结形小巧，不易松散，分为横向双联结、竖向双联结两种，常用于结饰的开端或结尾。

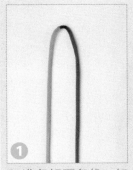

1. 准备好两条线，如图烧连。

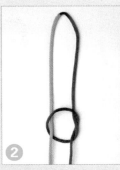

2. 如图中所示，棕线从绿线下方绕过，再压绿线回到右侧，并以挑一压的方式从线圈中穿出。

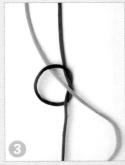

3. 如图中所示，绿线压过棕线，再从棕线后方绕过来。

4. 绿线以挑棕线、压绿线的方式穿过棕线形成的圈中。

5. 如图中所示，绿线从下方穿过其绕出的线圈。

6. 将绿线拉紧。

7. 按住绿线绳结部分，将棕线向左下方拉，最终形成一个"X"形的双联结。

竖向双联结

竖向双联结常用于手链、项链的编制。此结的特点是两结之间的连结线是圆圈，可以串珠来作装饰。

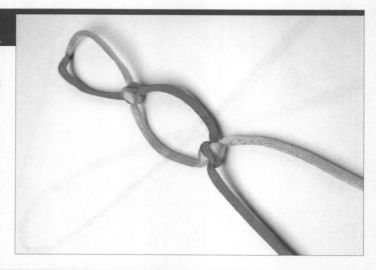

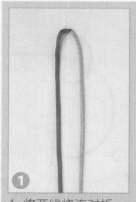

1、将两线烧连对折。

2、红线从上方绕过黄线后，自行绕出一个圈。

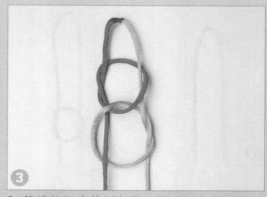

3、黄线从下方绕过红线，再穿过红线圈（即两个线圈连在一起）。

4、将黄线圈拉至左侧。

5、将黄线拉紧。

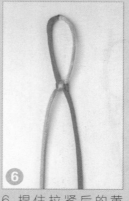

6、捏住拉紧后的黄线，再将红线拉紧，最终形成一个"X"形的结。

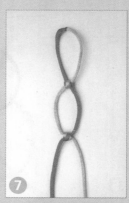

7、按照同样的方法再编一个结。

凤尾结

凤尾结是中国结中十分常用的基础结之一，又名发财结，还有人称其为八字结。它一般被用在中国结的结尾，具有一定的装饰作用，象征着龙凤呈祥，财源滚滚，事业有成。

1 1. 左线如图中所示压过右线。

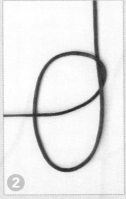

2 2. 左线以压一挑的方式，从左至右穿过线圈。

3 3. 左线再次以压一挑的方式，从右至左穿过线圈。

4 4. 重复步骤2。

5 5. 重复步骤2、3。

6 6. 整理左线，不让结体松散，最后拉紧右线。

7 7. 将多余的线头剪去，烧粘，凤尾结就完成了。

单8字结

单8字结，结如其名，打好后会呈现"8"的形状。单8字结结形小巧、灵活，常用于编结挂饰或链饰的结尾。

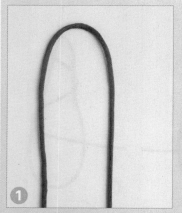

① 1、将一根线对折。

② 2、左线向右，压过右线。

③ 3、左线向左，从右线下方穿过。

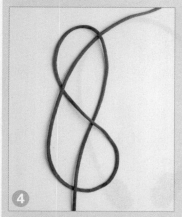

④ 4、左线向上，以压一挑的顺序，从上方的环中穿过。

⑤ 5、将两根线上下拉紧，即可。

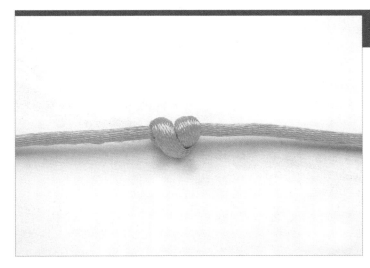

线圈结

线圈结是中国结基础结的一种，是绕线后形成的圆行结，故象征着团团圆圆、和和美美。

1、准备好一根线。

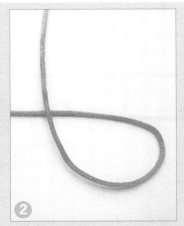

2、线的右端向左上，压住左端的线。

3、右线在左线上缠绕两圈。

4、缠绕后，右线从上部形成的圈中穿出。

5、将左右两线拉紧，即可。

搭扣结

搭扣结由两个单结互相以对方的线为轴心组成，当拉起两根轴线时，两个单结会结合得非常紧密。由于此结中两个单结既可以拉开又可以合并，使绳子产生伸缩，所以常被用在项链、手链的结尾。

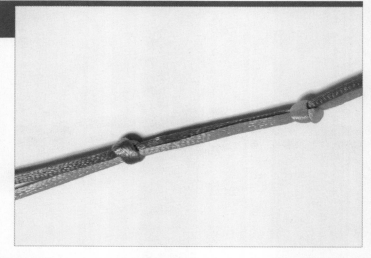

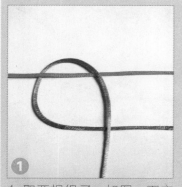

① 1. 取两根绳子，如图，下方的线从上方的线下方穿过，再压过上方的线向下，形成一个线圈。

② 2. 如图，下方的线从下面穿过线圈，打一个单结。

③ 3. 将下方的线拉紧，形成的形状如图。

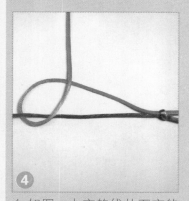

④ 4. 如图，上方的线从下方的线下面穿过，再压过下方的线向上，形成一个线圈。

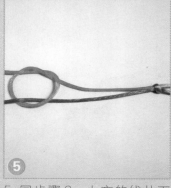

⑤ 5. 同步骤2，上方的线从下面穿过线圈，打一个单结。

⑥ 6. 最后，将上方的线拉紧，搭扣结完成。

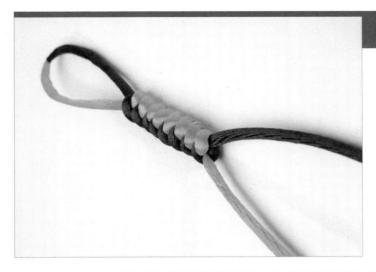

蛇结

蛇结是中国结基础结的一种，结体有微微弹性，可以拉伸，状似蛇体，故得名。因结式简单大方，深受大众喜爱，常被用来编制手链、项链等。

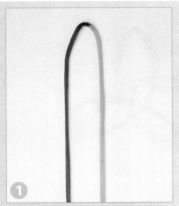

① 1、将两线烧连对折。

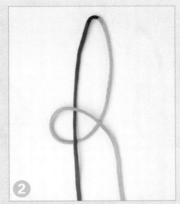

② 2、绿线从后往前以顺时针方向在棕线上绕一个圈。

③ 3、棕线从前往后，以逆时针方向绕一个圈，然后从绿圈中穿出。

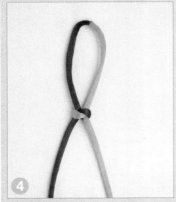

④ 4、将两条线拉紧。

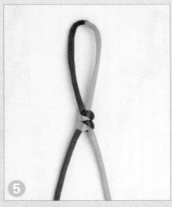

⑤ 5、重复第2、3步。拉紧两条线。

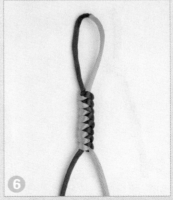

⑥ 6、拉紧两条线。重复步骤2、3，可编出连续的蛇结。

金刚结

金刚结代表着平安吉祥。金刚结的外形与蛇结相似，但结体更加紧密、牢固。

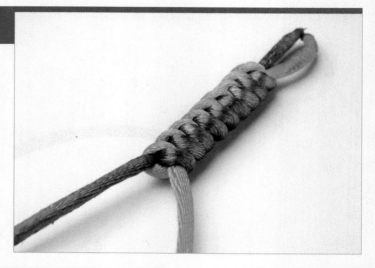

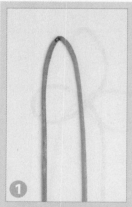

① 1. 将两线烧连对折。

② 2. 如图，粉线从蓝线下方连续绕两个圈。

③ 3. 蓝线如图中所示，从左至右绕过粉线，再从粉线形成的两个线圈中穿出来。

④ 4. 将所有的线拉紧。

⑤ 5. 将编好的结翻转过来，并将位于下方的粉线抽出一个线圈来。

⑥ 6. 蓝线从粉线下方绕过，再穿入粉线抽出的圈中，将线拉紧。

⑦ 7. 重复第5、6步，编至合适的长度即可。

双钱结

双钱结又被称为金钱结或双金线结，因其结形似两个古铜钱相连而得名，象征着"好事成双"。因古时钱又称为泉，与"全"同音，双钱又意为"双全"。它常被用于编制项链、腰带等饰物，数个双钱结组合可构成美丽的图案。

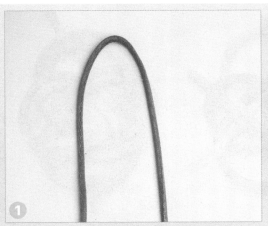

1. 将线对折。

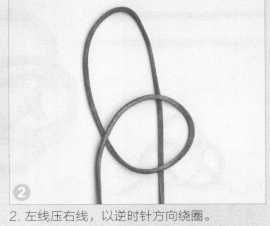

2. 左线压右线，以逆时针方向绕圈。

3. 如图，右线按顺时针方向，以挑一压一挑一压一挑一压的顺序绕圈。

4. 最后，将编好的结体调整好。

菠萝结

菠萝结是由双钱结延伸变化而来的，因其形似菠萝，故名。菠萝结常用在手链、项链和挂饰上做装饰用，分为四边、六边两种，这里为大家介绍最常用的四边菠萝结。

1. 准备好两条线。

2. 将两条线用打火机烧连在一起，然后编一个双钱结。

3. 蓝线跟着结中黄线的走势穿，形成一个双线双钱结。

4. 将编好的双线双钱结轻轻拉紧，一个四边菠萝结就出来了。

5. 最后将多余的线头剪去，并用打火机烧粘，整理下形状即可。

双环结

双环结因有两个耳翼如双环而得名。因编法与酢浆草结相同，又称双叶酢浆草结；而环与圈相似，因此也被称为双圈结。

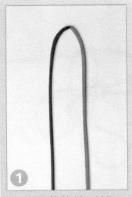

1、将两线烧连对折。

2、红线向左，绕圈交叉后穿过棕线，再向右绕圈。

3、红线向上绕圈，然后向下穿过其绕出的第二个圈。

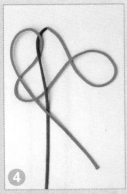

4、红线向右压过棕线。

5、红线如图中所示穿过其绕出的第一个圈。

6、红线向左穿过棕线，再向上穿过其绕出的第二个圈中。

7、将两条线拉紧，并调整好两个耳翼的大小。

酢浆草结

在中国古老的结饰中，酢浆草结是一种应用很广的基础结之一，因其形似酢浆草而得名。其结形美观，易于搭配，可以衍化出许多变化结，因酢浆草又名幸运草，所以酢浆草结蕴含幸运吉祥之意。

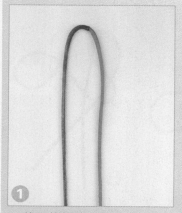

1、将两线烧连对折。

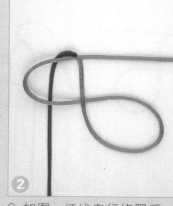

2. 如图，红线自行绕圈后，再向左穿入顶部的圈。

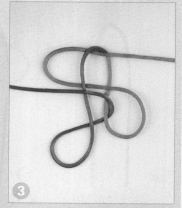

3. 蓝线自行绕圈后，向上穿过红圈，再向下穿出。

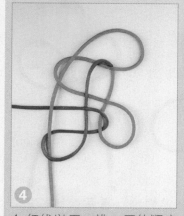

4. 红线以压一挑一压的顺序向右从蓝线圈中穿出。

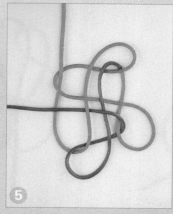

5. 红线向左，以挑一压的顺序，从红圈中穿出。

6. 将两线拉紧，注意调整好三个耳翼的大小。

万字结

万字结常用来做结饰的点缀，在编制吉祥饰物时会大量使用，以寓"万事如意"、"福寿万代"。

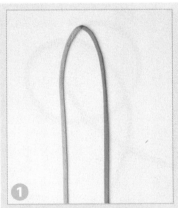

1. 将两线烧连对折。

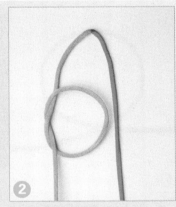

2. 粉线自行绕圈打结。

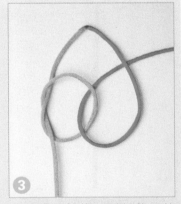

3. 如图，红线压过粉线，从粉线圈中穿过。

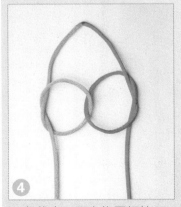

4. 红线自下而上绕圈打结。

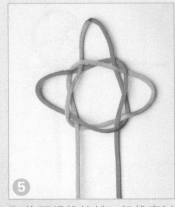

5. 将两根线拉松，红线穿过粉线圈的交叉处，粉线穿过红线圈的交叉处。

6. 将线拉紧，拉紧时注意三个耳翼的位置。

单线纽扣结

纽扣结，学名疙瘩扣。它的结形如钻石，又称钻石结，可当纽扣用，也可做装饰结。

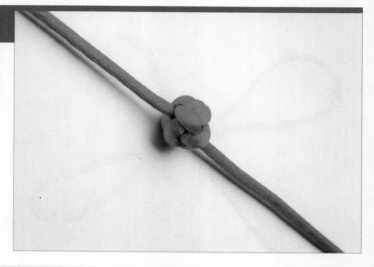

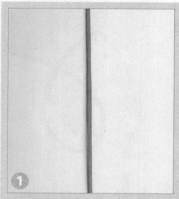

1、准备好一条线。

2、绳子中间如图绕一圈。

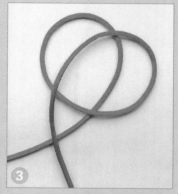

3、绳子右端再逆时针绕一圈，如图中所示，两个圈不要重叠。

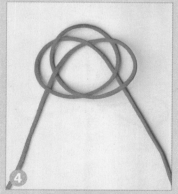

4、绳子左端逆时针向上，以压一挑一压一挑的方式，从两个圈中穿过，注意，所有绳圈都不要重叠。

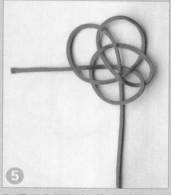

5、绳子左端继续逆时针向上，以压一根一挑三根一压两根的方式从三个圈中穿出。

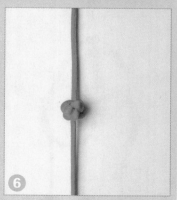

6、最后，将绳子两端拉紧，稍作调整即可。

圆形玉米结

玉米结是基础结的一种，分为圆形玉米结和方形玉米结两种，都由十字结组成。

1. 将两条线呈十字形交叉摆放。

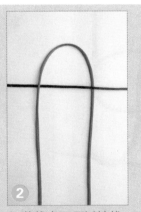

2. 蓝线向下压过棕线。

3. 棕线向右压过蓝线。

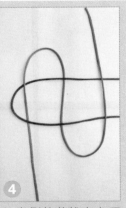

4. 右侧的蓝线向上压过棕线。

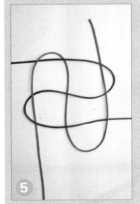

5. 棕线向左穿过蓝线的圈中。

6. 将四根线向四个方向拉紧。

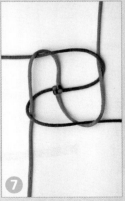

7. 继续按照上述步骤挑压四条线，注意挑压的方向要始终一致。

8. 重复编至一定程度，即可编出圆形玉米结。

方形玉米结

学会了圆形玉米结，方
形玉米结就易学多了。

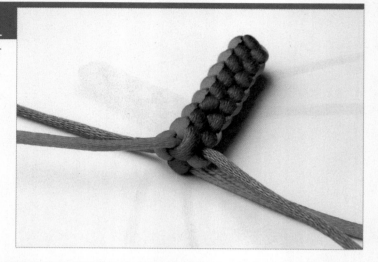

1、将两条线呈十字形交叉
摆放。

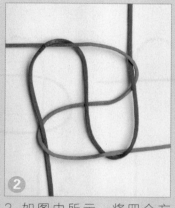

2、如图中所示，将四个方
向的线按照逆时针方向相互
挑压。

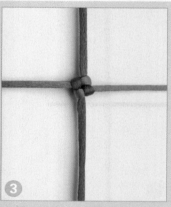

3、挑压完后，将四条线拉紧。

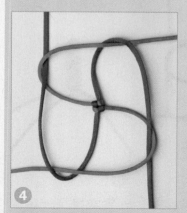

4、如第 2 步将四个方向的线
按照顺时针方向相互挑压。

5、将线拉紧后，重复第 2～4 步，即可编出方形玉米结。

雀头结

雀头结是基础结的一种，在编结时，常以环状物或长条物为轴，覆于轴面。

1. 准备好两条线，右线从左线下方穿过，再压过左线向右，从右线另一端下方穿过。

2. 如图，右线另一端向左从左线下方穿过，再向上压过左线，从右线下方向右穿过。

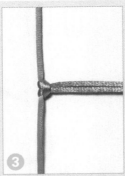

3. 将右线拉紧，一个雀头结完成。

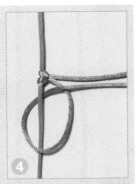

4. 如图，位于下方的右线向左压过左线，再向上从左线下方穿过，并压过右线向右穿出。

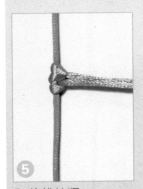

5. 将线拉紧。

6. 位于下方的右线向左从左线下方穿过，再向上向右压过左线，从右线下方穿过。

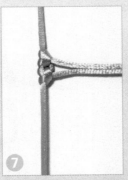

7. 将线拉紧，又完成一个雀头结。

8. 重复步骤5～8，编至想要的长度即可。

右斜卷结

斜卷结因其结体倾而得名，因为此结传自国外，又名西洋结。它常用在立体结中，分为右斜卷结和左斜卷结。

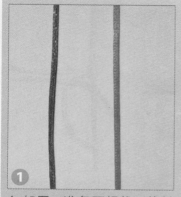

1. 如图，准备两根线，将其并排放置。

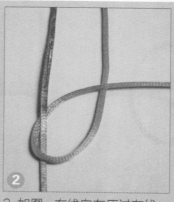

2. 如图，右线向左压过左线，再从左线下方向右穿过，压过右线的另一端。

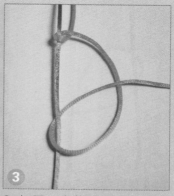

3. 如图，右线另一端向左压过左线，再从左线下方向右压右线穿过。

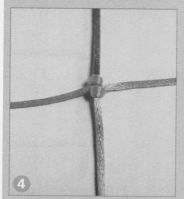

4. 如图，将右线的两端分别向左右两个不同方向拉紧，一个斜卷结完成。

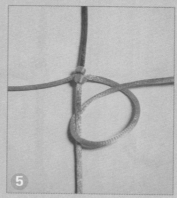

5. 如图，右线向左压过左线，再从左线下方向右压右线穿过。

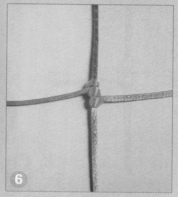

6. 同步骤4，将右线的两端分别向左右两个方向拉紧，即成。

左斜卷结

左斜卷结结式简单易懂、变化灵活，是一种老少咸宜的结艺编法。

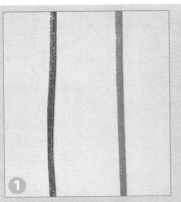

1. 准备好两根线，如图中所示，并排摆放。

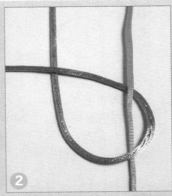

2. 如图，左线向右压过右线，再向左从右线下方穿过。

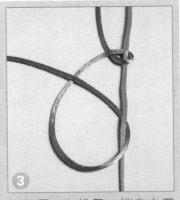

3. 如图，左线另一端向右压过右线，再从右线下方向左压左线穿过。

4. 如图，将左线的两端分别向左右两个方向拉紧，一个左斜卷结完成。

5. 如图，左线向右压过右线，再从右线下方向左穿过，压过左线。

6. 同步骤4，将左线的两端分别向左右两个方向拉紧，即成。

横藻井结

　　在中国宫殿式建筑中，涂画文采的天花板，谓之"藻井"，而"藻井结"的结形，其中央似"井"字，周边为对称的斜纹，因此而得名。藻井结是装饰结，分为横藻井结和竖藻井结两种。

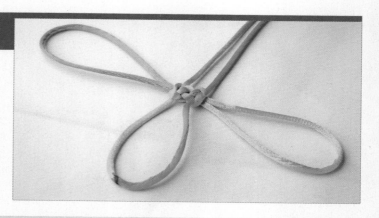

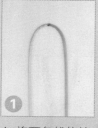

1. 将两条线烧连对折。

2. 黄线由下而上自行绕圈打结。

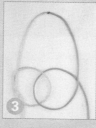

3. 绿线自上而下穿入黄圈中，并向右绕圈交叉。

4. 绿线从上至下穿入其形成的圈中。

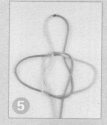

5. 绿圈向左从黄线的交叉点处穿出，黄圈向右从绿线的交叉点处穿出。

6. 将左右两边的耳翼拉紧。

7. 将顶部的圈向下压住下端的两条线。

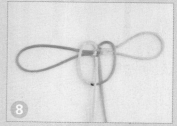

8. 将黄线从压着它的圈中穿出。

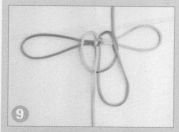

9. 绿线向上，从上而下穿入顶部右边的绿圈中。

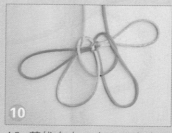

10. 黄线向上，由下而上穿入顶部左边的黄圈中。

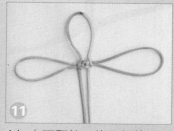

11. 上下翻转，将顶部的圈和底端的黄线绿线同时拉紧，横藻井结就完成了。

竖藻井结

竖藻井结可编手镯、项链、腰带、钥匙链等，十分结实、美观。

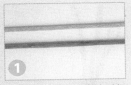

1.将两线烧连对折摆放。

2.如图，打一个松松的结。

3.如图，在第一个结的下方接连打三个松松的结。

4.如图，粉线向右上，再向下从四个结的中心穿过。

5.如图，绿线向左上，再向下从四个结的中心穿过。

6.如图，左下方的圈从前往上翻，右下方的圈从后往上翻。

7.如图，将上方的线拉紧，仅留出最下方的两个圈不拉紧。

8.如图，同步骤6，左下方的圈从前往上翻，右下方的圈从后往上翻。

9.将结体抽紧，即可。

绕线

绕线和缠股线是中国结中常用的基础结，它们会使得线材更加有质感，从而使整个结体更加典雅、大方。

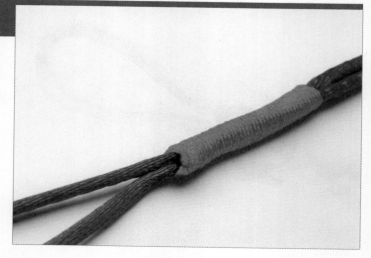

①
1、将一条线对折成两条线。

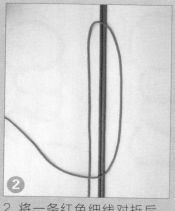

②
2、将一条红色细线对折后，放在两条蓝线上。

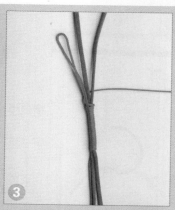

③
3、蓝线保持不动，红线开始在蓝线上绕圈。

④
4、绕到一定长度后，将红线的线尾穿入红线对折后留出的圈中。

⑤
5、将红线的两端拉紧。

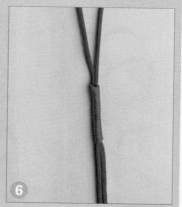

⑥
6、最后，将红线的线头剪掉，烧粘即可。

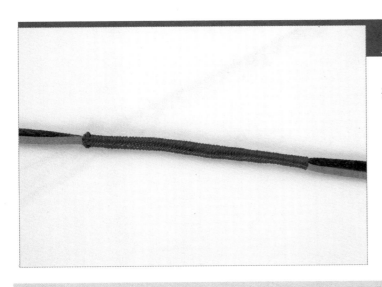

缠股线

缠股线需要用到双面胶，打结前应准备好。

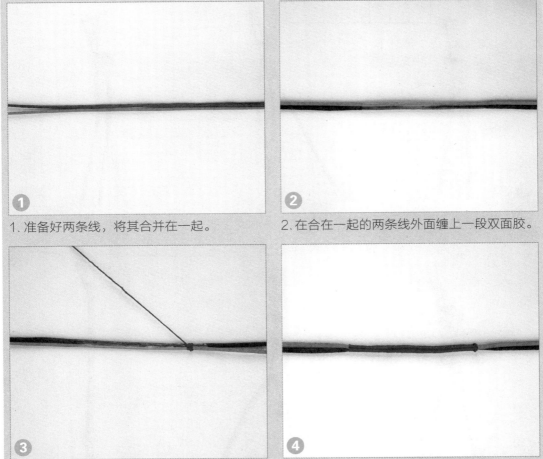

①

1. 准备好两条线，将其合并在一起。

②

2. 在合在一起的两条线外面缠上一段双面胶。

③

3. 取一段股线，缠在双面胶的外面，以两条线为中心反复缠绕。

④

4. 缠到所需的长度，将线头烧粘即可。

三股辫

三股辫很常见，常用于编手链、项链、耳环等饰物。

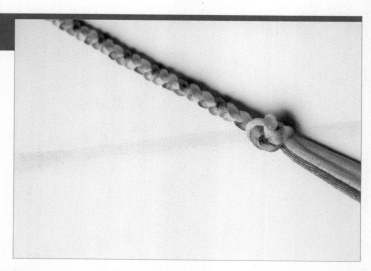

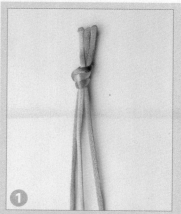

1. 取三根线，并在一端处打一个结。

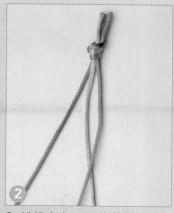

2. 粉线向左，压住黄线。

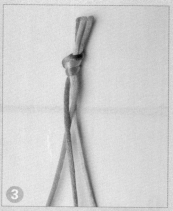

3. 金线向右，压住粉线。

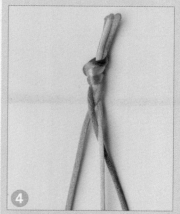

4. 黄线向左，压住金线。

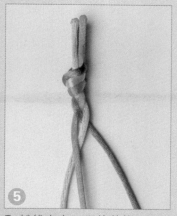

5. 粉线向右，压住黄线。

6. 重复第 2～5 步，编到一定程度后，在末尾打一个结即可。

四股辫

四股辫由四股线相互交叉缠绕而成，通常用于编制中国结手链和项链的绳子。

1. 取四根线，在上方打一个结固定。

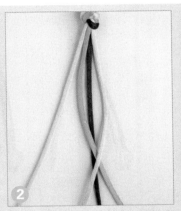

2. 如图，绿线压棕线，右边的黄线压绿线。

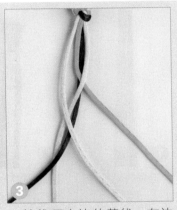

3. 棕线压右边的黄线，左边的黄线压棕线。

4. 绿线压左边的黄线。

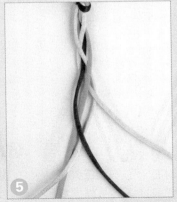

5. 左边的黄线压绿线，棕线压左边的黄线。

6. 重复步骤 2～5，编至足够的长度，在末尾打一个单结固定。

八股辫

八股辫的编法与四股辫是同样的原理，而且八股辫和四股辫一样，常用于做手链和项链的绳子。

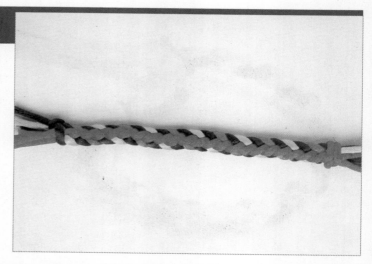

1. 准备好八根线。

2. 将顶部打一个单结固定，再将八根线分成两份，四根红线放在右边。

3. 如图，绿线从后面绕到四根红线中间，压住两根红线。

4. 右边最外侧的红线从后面绕到左边四根线的中间，压住粉线和绿线。

5. 左边最外侧的蓝线从后面绕到四根红线的中间，压住两根红线。

6. 右边最外侧的红线从后面绕到左边四根线的中间，压住绿线和蓝线。

7. 左边最外侧的棕线从后面绕到四根红线的中间，压住两根红线。

8. 右边最外侧的红线从后面绕到左边四根线的中间，压住蓝线和棕线。

9. 重复3～8步，连续编结。

10. 编至一定长度后，取其中一根线将其余七根线缠住，打结固定即可。

锁结

锁结，顾名思义，两根线走线时相互紧锁，其外形紧致牢固，适宜做项链或手链。

1、将两条线烧连对折。

2、棕线交叉绕圈。

3、如图，绿线向右穿入棕线圈中。

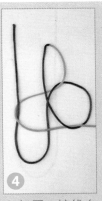

4、如图，棕线向下穿入绿线圈中。

5、将两条线拉紧，注意要留出两个耳翼。

6、如图，绿线穿入棕线圈中。

7、拉紧棕线。

8、棕线穿入绿线圈内。

9、拉紧绿线。

10、重复步骤6～9，编至合适的长度即可。

发簪结

发簪结，顾名思义，极像女士用的发簪。制作此结时可用多线，适宜做手链等。

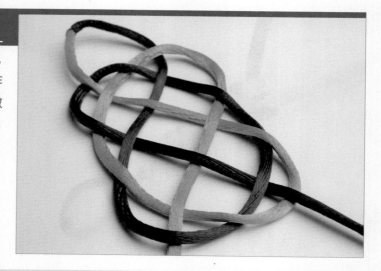

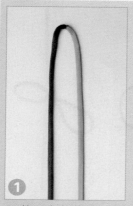

1. 将两条线烧连对折摆放。

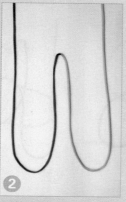

2. 将对折后的线两端向上折，最终成"W"型。

3. 将右侧的环如图中所示压在左侧环的上面。

4. 右线如图中所示逆时针向上，穿过右侧的环。

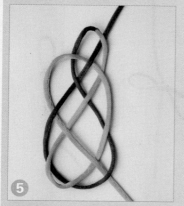

5. 左线如图中所示按照压一挑一压的顺序穿过。

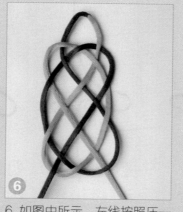

6. 如图中所示，左线按照压一挑一压一压的顺序穿回去。

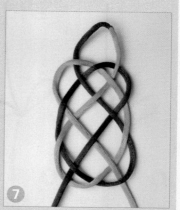

7. 最后，整理一下形状即可。

十字结

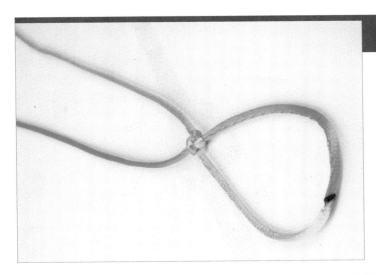

十字结结型小巧简单，一般做配饰和饰坠。其正面为"十"字，故称十字结，其背面为方形，故又称方结、四方结。此结常用于立体结体中，如鞭炮等。

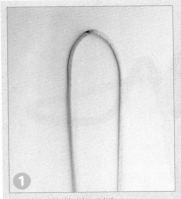

1. 将两线烧连对折。

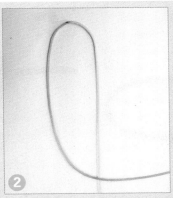

2. 绿线向右压过黄线。

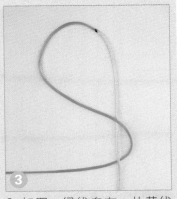

3. 如图，绿线向左，从黄线下方绕过。

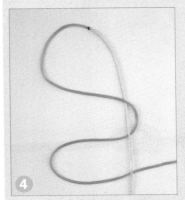

4. 如图，绿线向右，再次从黄线下方穿过。

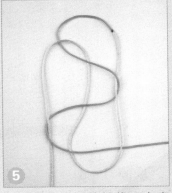

5. 黄线向上，从绿线下方穿过，最后从顶部的圈中穿出，再向下，以压一挑的方式从绿圈中穿出。

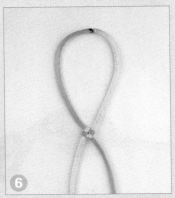

6. 将黄线和绿线拉紧，即可。

秘鲁结

秘鲁结是中国结的基本结之一。它简单易学，徒手即可运作，且用法灵活，多用于项链、耳环及小挂饰的结尾部分。

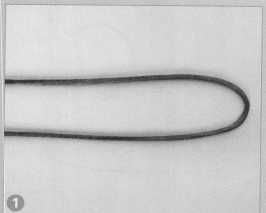

1、将线对折。

2、下方的线向上压过上方的线，在上方的线上绕两圈。

3、将下方的线穿入两线围成的圈内。

4、将两线拉紧即可。

十角笼目结

笼目结是中国结基本结的一种，因其结的外形如同竹笼的网目，故名。此结分为十角笼目结和十五角笼目结两种。

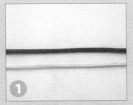

1. 准备两根线。

2. 先用深蓝色线编结，右线逆时针绕圈，放在左线下。

3. 如图，右线顺时针向下放在左线下。

4. 如图，右线以压一挑一压的顺序向左上穿过。

5. 右线再向右下，以挑一压一挑一压的顺序穿过，一个单线笼目结就编好了。

6. 将浅蓝色线从深蓝色线右侧绳头处穿入。

7-1 7-2 7-3 7-4

7. 如图，浅蓝色线随深蓝色线绕一圈，注意不要使两线重叠或交叉。

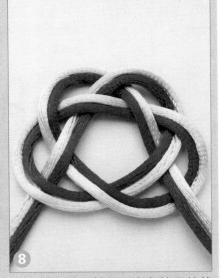

8. 最后，整理结形，十角笼目结就完成了。

琵琶结

琵琶结因其形状似古乐器琵琶而得名。此结常与纽扣结组合成盘扣，也可做挂坠的结尾，还可做耳环。

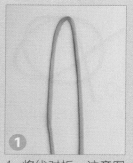

1. 将线对折，注意图中线的摆放，左线长，右线短。

2. 左线压过右线，再从右线下方绕过，最后从两线交叉形成的圈中穿出。

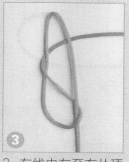

3. 左线由左至右从顶部线圈的下方穿出。

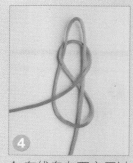

4. 左线向左下方压过所有的线。

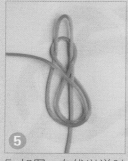

5. 如图，左线以逆时针绕圈。

6. 左线向右从顶部线圈下方穿出，向左下方压过所有线。

7. 重复步骤3～6。注意，在重复绕圈的过程中，每个圈都是从下往上排列的。最后，左线从上至下穿入中心的圈中。

8. 将结体收紧，剪掉多余的线头即可。

流苏

流苏是一种下垂的以五彩羽毛或丝线等制成的穗子，常用于服装、首饰及挂饰的装饰。也是中国结中常见的一种编结方法。

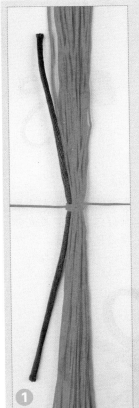

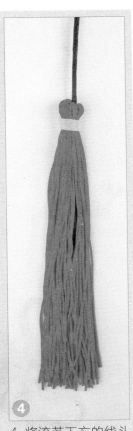

① 1、准备好一束流苏线。取一根5号线放进流苏线里，再用一根细线将流苏线的中间部位捆住。

② 2、提起5号线上端，让流苏自然垂下。

③ 3、再取一根细线，用打秘鲁结的方法将流苏固定住。

④ 4、将流苏下方的线头剪齐即可。

实心六耳团锦结

团锦结结体虽小但结形圆满美丽，类似花形，且不易松散。团锦结可编成五耳、六耳、八耳，又可编成实心、空心的，这里介绍的是实心六耳团锦结。

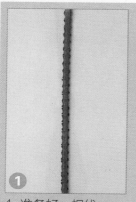

1. 准备好一根线。

2. 将线对折。如图，右线自行绕出一个圈，再向上穿入顶部的圈中。

3. 如图，右线再绕出一个圈，并穿入顶部的圈和步骤2中形成的圈。

4. 如图，右线对折后再穿过顶部的圈和步骤3形成的圈。

5. 如图，右线穿过步骤4形成的圈，并让最后一个圈和第一个圈相连。

6. 最后，整理好六个耳翼的形状，将线拉紧即可。

十全结

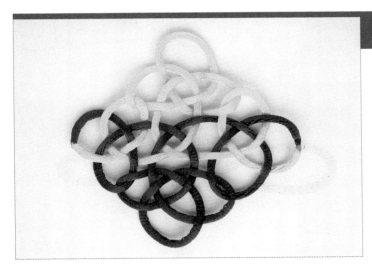

在战国以后，人们称钱为布或泉，取畅如泉水之意。十全结由五个双钱结组成，五个双钱结相当于十个铜钱，即"十泉"，因"泉"与"全"同音，故得名为"十全结"，寓意十全富贵、十全十美。

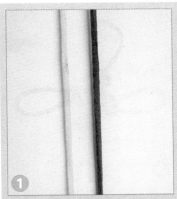

1. 将两线烧连对折摆放。

2. 如图，先编一个双钱结。

3. 如图，棕线向右压过黄线，再编一个双钱结，注意外耳相钩连。

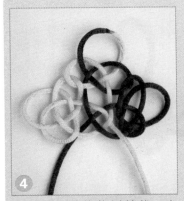

4. 如图，黄线绕过棕线，在左侧编一个双钱结，外耳也相钩连。

5. 接下来，黄线和棕线如图中相互挑压，将所有结相连。

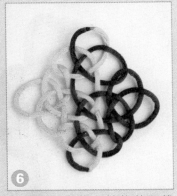

6. 最后，黄线和棕线的两线头烧粘在一起，即成。

吉祥结

吉祥结是中国结中很受欢迎的一种结饰。它是十字结的延伸，因其耳翼有七个，故又名为"七圈结"。吉祥结是一种古老的装饰结，有吉利祥瑞之意。

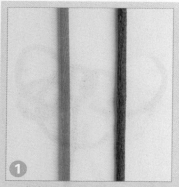

1. 准备两根颜色不一的5号线。

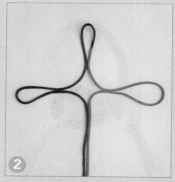

2. 将两根线用打火机烧连在一起，再将线如图中的样子摆放好。

3. 将四个耳翼按照编十字结的方法，逆时针相互挑压。

4. 将四个耳翼拉紧。四个耳翼按照顺时针的方向相互挑压。

5. 将线拉紧，再将七个耳翼拉出。

四耳三戒箍结

戒箍结是中国结基础结的一种，又叫梅花结，通常与其他中国结一起用在服饰或饰品上。戒箍结有很多种编法，这里介绍的是四耳三戒箍结。

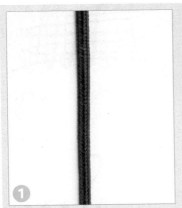

1、准备好一根扁线。

2、如图，左线绕右线成一个圈，再穿出。

3、左线以挑一根线一压两根线，挑一根线一压一根线的顺序穿出。

4、左线继续以压一挑一压一挑一压一挑一压的顺序从右向左穿出。

5、整理结形，将线拉紧，最后将两个绳头烧粘在一起。

一字盘长结

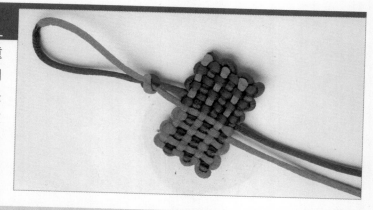

盘长结是中国结中最重要的基本结之一，象征着回环贯彻，万物的本源。盘长结是许多变化结的主结，在视觉上具有紧密对称的特性，它有很多种形式，都被大众所喜爱。

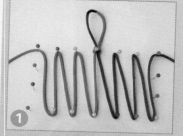

1、将对接成一根的线打一个双联结，将线如图中所示缠绕在珠针上。

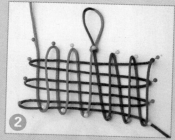

2、如图，蓝线横向从右向左压挑各线。

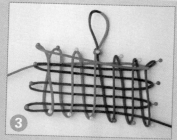

3、如图，粉线横向从左向右压挑各线。

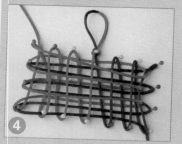

4、这是粉线压挑完毕后的形状。

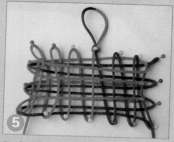

5、如图，粉线竖向自下而上压挑各线。

6、粉线穿至中心部位时，蓝线开始自下而上压挑各线。

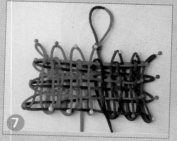

7、粉线和蓝线压挑完毕后的形状。

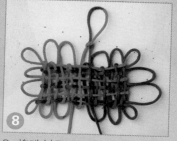

8、将珠针取下，将结体收紧。

9、将结体收紧后即可，注意将所有耳翼全部收紧。

复翼盘长结

最后学习的盘长结叫作
复翼盘长结。

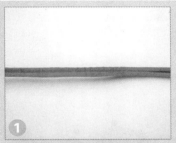

1. 准备好一根 200cm 的 5
号线，将其对折。

2. 对折后，打一个双联结，
并如图中所示绕在珠针上。

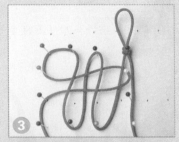

3. 如图，左线从左到右再从
右到左穿回来。

4. 如图，左线向上方绕一圈。

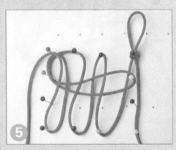

5. 如图，左线再绕一圈。

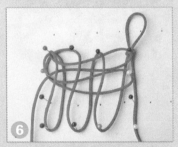

6. 如图，左线在上方从左到
右再从右到左穿回来。

7. 如图，左线绕到下方，从
左到右再从右到左穿回来。

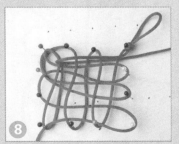

8. 如图，左线开始绕线。

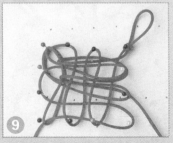

9. 右线从上方绕到中间。

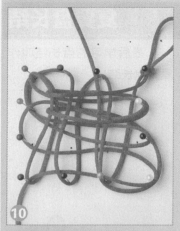

10、如图，右线开始从下往上穿线。

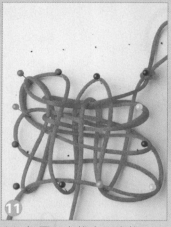

11、如图，右线向下穿线。

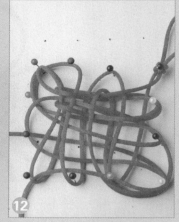

12、如图，右线向左穿出。

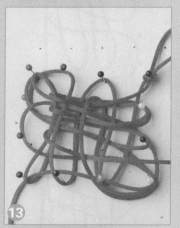

13、如图，右线向右穿出。

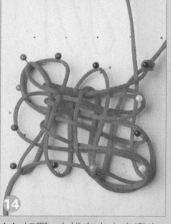

14、如图，右线向右上方穿出。

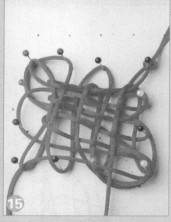

15、如图，右线向右下穿出。

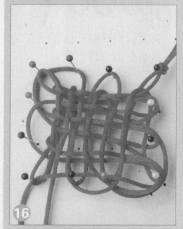

16、右线绕到左线的一边。

17、将珠针全部取下。

18、整理结形即可。

单翼磬结

在中国古代，"磬"是一种打击乐器，也是一种吉祥物。磬结由两个长形盘长结交叉编结而成，因形似磬而得名。因为"磬"与"庆"同音，所以其象征着平安吉庆、吉庆有余。磬结分为单翼磬结和复翼磬结两种。

1. 取两根5号线，烧连在一起。

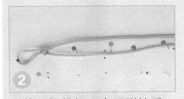

2. 将两根线打一个双联结后，挂在珠针上。

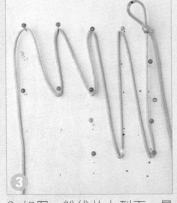

3. 如图，粉线从上到下，最先绕线。

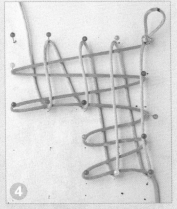

4. 如图，绿线从左到右绕线。

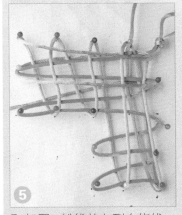

5. 如图，粉线从左到右绕线。

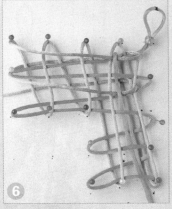

6. 如图，绿线从上到下绕线。

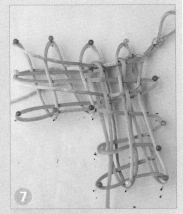

7. 如图，绿线继续从上到下绕线。

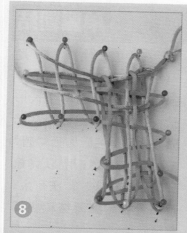

8. 如图，绿线从右下方开始，从左到右绕线。

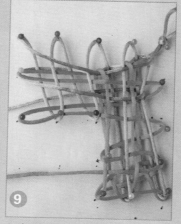

9. 如图，绿线继续向上绕线。

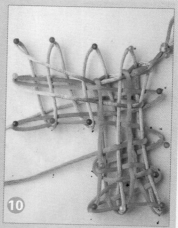

10. 如图，绿线从左到右穿出。

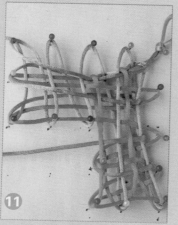

11. 如图，粉线从上到下穿出。

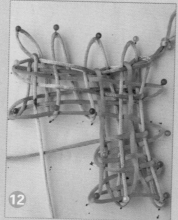

12. 如图，粉线从上到下穿出。

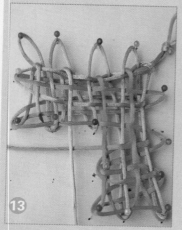

13. 如图，粉线继续向下穿出。

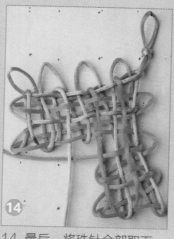

14. 最后，将珠针全部取下。

15. 整理结形即可。

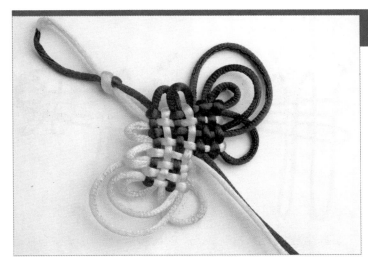

复翼磬结

磬结有两种，接下来介绍复翼磬结。

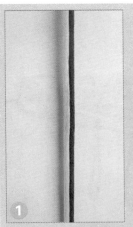

1、将两根不同颜色的线烧连在一起。

2、打一个双联结。

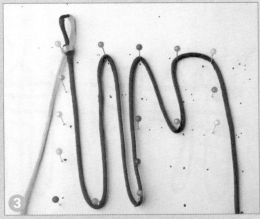

3、如图，将线绕到珠针上。

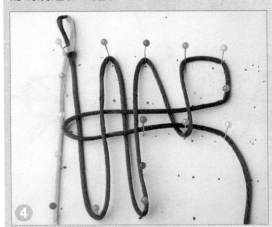

4、如图，棕线开始最先穿线。

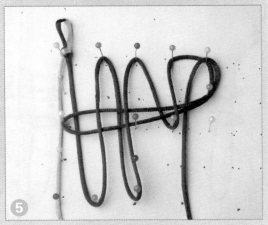

5、如图，棕线在右上方绕一个圈。

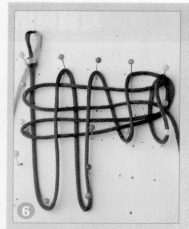

6. 如图，棕线从右到左，再从左到右穿线。

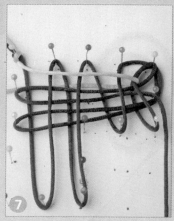

7. 如图，绿线开始从左到右，再从右到左穿线。

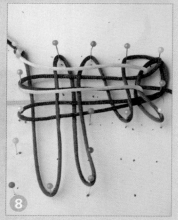

8. 如图，绿线继续从左到右，再从右到左穿线。

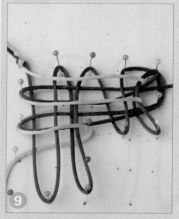

9. 如图，绿线在左下方，从左到右，再从右到左穿线。

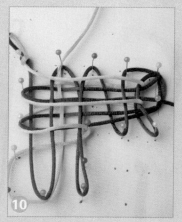

10. 如图，绿线在左下方绕一圈，向上穿出。

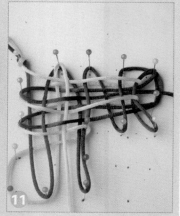

11. 如图，绿线再向下穿出。

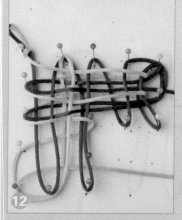

12. 如图，绿线从左到右穿出。

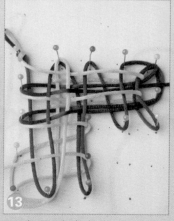

13. 如图，绿线从右到左穿出。

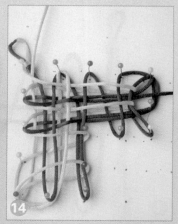

14. 如图，绿线向上穿出。

15. 如图，绿线再向下穿出。

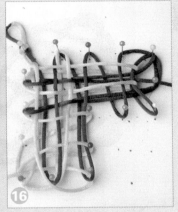

16. 如图，绿线在左下方绕一圈，并向左穿出。

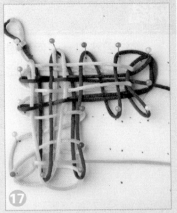

17. 如图，绿线向右穿出。

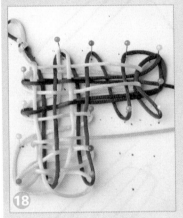

18. 如图，绿线从左到右，再从右到左穿出。

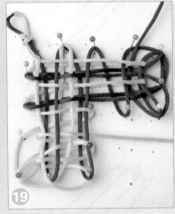

19. 如图，棕线从上到下，再从下到上穿出。

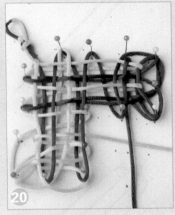

20. 如图，棕线向下穿出。

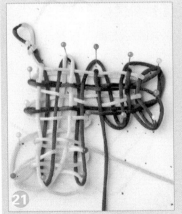

21. 如图，棕线从上到下，再从下到上穿出。

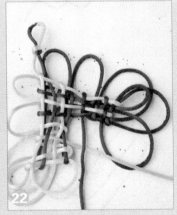

22. 将珠针全部取下。

23. 整理结形即可。

网结

网结因状似一张网而得名，此结非常实用，因此比较常见。

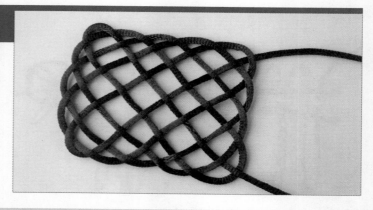

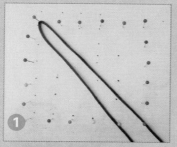

1、准备好一根线，将线如图中所示对折挂在珠针上。

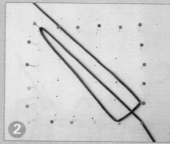

2、如图，左线向右，压过右线向上绕。

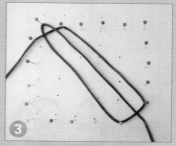

3、如图，左线向右绕。

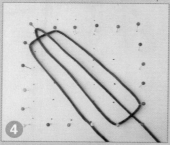

4、如图，左线向左下方绕。

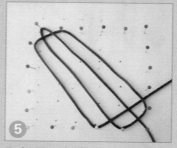

5、如图，左线以挑一压一挑的顺序向右穿过。

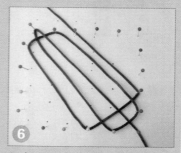

6、如图，左线向右上方绕。

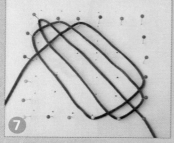

7、如图，左线以挑一压一挑一压的顺序向左穿过。

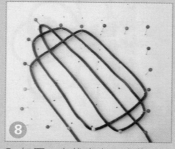

8、如图，左线向左下方绕。

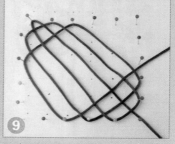

9、如图，左线以挑一压一挑一压一挑的顺序向右穿过。

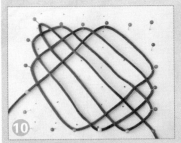

10. 如图，左线向右上方绕，然后以挑一压一挑一压一挑一压的顺序向左穿过。

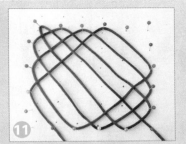

11. 如图，左线向左下方绕。

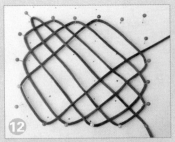

12. 如图，左线以挑一压一挑一压一挑一压一挑的顺序向左穿过。

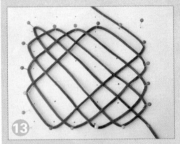

13. 如图，左线向右上方绕。

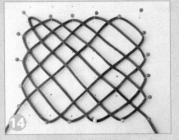

14. 如图，左线以挑一压一挑一压一挑一压一挑一压的顺序向右穿过。

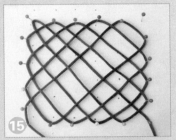

15. 如图，左线向右下方绕。

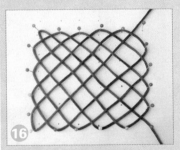

16. 如图，左线以挑一压一挑一压一挑一压一挑一压一挑的顺序向右穿过。

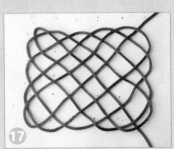

17. 将珠针全部摘下。

18. 整理结形，即成。

第二章

手链

只要一双手、一根绳，就可以创造出属于你的独一无二的手链，让你时刻光彩照人。本章介绍了多款中国结手链的编法，款款取材简便、设计精巧，注入了古典大方的元素的同时，也加入了水晶、琉璃、陶瓷、木珠等现代流行配件。无论你喜欢古朴典雅的风格，还是时尚潮流的风格，都可以在这里找到。

缤纷的爱

我问，爱到底是什么颜色的？是蓝的忧郁，还是黄的明快？抑或是绿的清新，紫的神秘？而你说，爱是一种难以言说的缤纷。

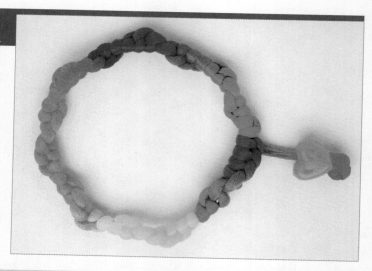

材料： 一根20cm细铁丝，一根10cm五彩5号线，一颗塑料珠

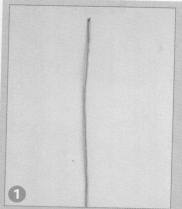

1. 准备好一根细铁丝。

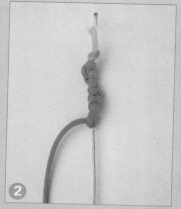

2. 取一条五彩5号线，在铁丝上编雀头结。

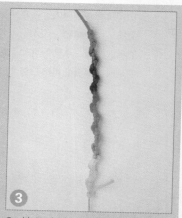

3. 编至与铁丝相等的长度，注意在铁丝的两端留出空余。

4. 用尖嘴钳将铁丝的两端拧在一起。

5. 最后，调整好铁丝的形状，在剩余的五彩线底部串珠、打结即可。

憾事

没有如果，没有未来，
万灯谢尽，时光流不住你。

材料： 两根不同颜色的5号
线，两个不同颜色的小铃铛

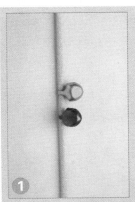

1. 在一根线上穿入两颗小铃铛，将铃铛穿至线的中间处。

2. 在穿铃铛的位置下方打一个蛇结。

3. 将另一根线从蛇结下方插入。

4. 开始编四股辫。

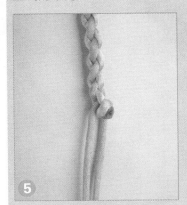

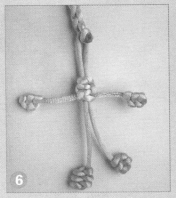

5. 编至足够长度后，将粉线打结，剪去多余线头用打火机烧粘。

6. 用粉线在绿线的尾部打一段平结，注意不要将线头剪去。

7. 将绿线和粉线的尾端各打一个凤尾结作为结尾。

君不见

君不见，白云生谷，经书日月；君不见，思念如
弹指顷，朱颜成皓首。

材料：四根玉线，一根30cm，三根60cm，七颗塑料串珠

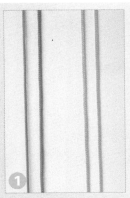

1. 准备好四根玉线，共两种颜色。

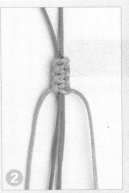

2. 以 30cm 的 玉 线 作为中心线，用另一种颜色的玉线在其上打平结。

3. 打好一段平结后，将线头剪去，烧粘。

4. 穿入一颗塑料珠。

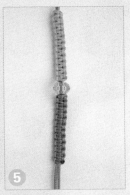

5. 再用不同颜色的玉线继续打一段相同长度的平结，将线头剪去，烧粘。

6. 再穿入一颗塑料珠。接着打一段平结，穿入一颗塑料珠，再打一段平结。注意，线的颜色要相间。

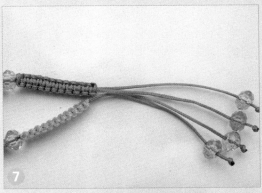

7. 将每根线的尾端穿入一颗塑料珠，并打单结固定。

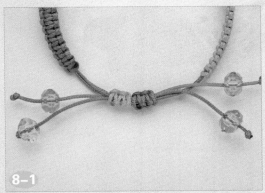

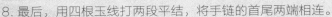

8. 最后，用四根玉线打两段平结，将手链的首尾两端相连。

似水

剪微风，忆旧梦，愁意浓，时空变幻，你我离散，唯有静静看年华似水，将思念轻轻拂过……

材料：一根70cm的5号线，一个藏银管，六个银色金属珠

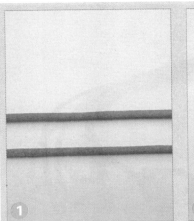

1

1. 将 5 号线对折。

2

2. 留出一小段距离，打一个双联结。

3

3. 隔3cm处，打一个纽扣结。

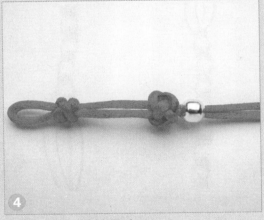

4

4. 穿入一颗银色金属珠。

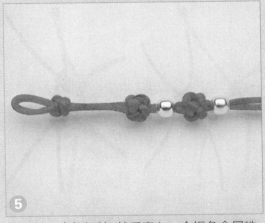

5

5. 再打一个纽扣结，然后穿入一个银色金属珠。

6

6. 再打一个纽扣结后，穿入藏银管，并打一个纽扣结固定。

7-1

7-2

7. 重复步骤 3 ~ 5，直到完成手链的主体部分。最后打一个纽扣结作为结尾。

我怀念的

你早已躲到了世风之外，远远地离开了故事，而我已经开始怀念你，像怀念一个故人……

材料： 四根5号线，七颗大珠子，八颗小珠子

1.每两根同色线各编一个十字结。

2.如图，将一颗大珠子分别穿入两个结上的一根线，之后继续编十字结。

3.重复步骤2，编至合适的长度。

4.以两个十字结作为手链主体的结尾，并留出大约15cm的线。

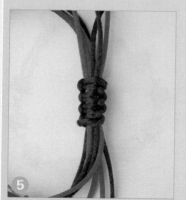

5.另取一段线，打平结将手链的首尾包住，使其相连。

6.最后，在每根线上各穿入一颗小珠子，烧粘即可。

娇羞

最是那一低头的温柔，
像一朵水莲花不胜凉风的
娇羞。

材料： 一根120cm的七彩5
号线，五颗扁形瓷珠

1、将七彩线和瓷
珠都准备好。

2、在七彩线一端
20cm处打一个
凤尾结。

3、相隔3cm处
再打一个凤尾结。

4、如图，穿入一
颗瓷珠。

5、打一个凤尾结。

6、穿入一颗瓷珠。

7、打一个与第
一个凤尾结相
对称的凤尾结。

8、在两根线的
末尾各穿入一颗
瓷珠。

9、最后，取一段线打平结将手链的
两端包住，使其相连。

缄默

我们度尽的年岁，好像一声叹息，所有无法化解和不被懂得的情愫都不知与何人说，唯有缄口不言。

材料：八根玉线，两颗塑料珠

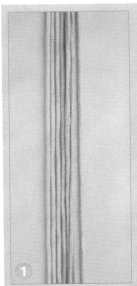

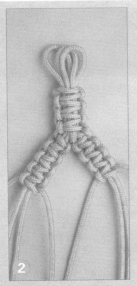

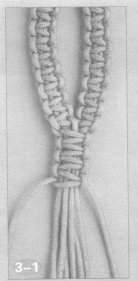

1. 准备好玉线。

2. 将三根同色玉线对折，取出第四根玉线在其上打平结。打一段平结后，将玉线分成两边分别打平结，如图中所示。

3. 打到合适的长度后，再把两股线合并起来打平结。

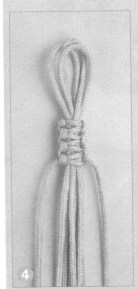

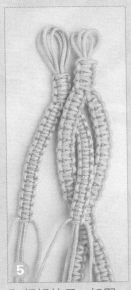

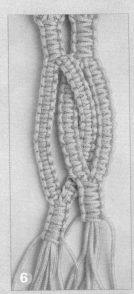

4. 取出另一种颜色的四根玉线，三根对折做中心线，第四根在其上打平结。打平结的方法与前面相同。

5. 打好结后，如图，将其穿入之前不同颜色的结体中。

6. 后编的线继续打平结。

7. 重复上述步骤，编至合适的长度即可。最后在每种颜色的线尾各穿入一颗塑料珠即可。

思念

在思念的情绪里，纵有一早的晴光潋滟，被思念一搅和也如行在黄昏，从而忘了时间的威胁。

材料：四根玉线，十颗白珠，四十二颗塑料珠

1、准备好四根玉线。

2、其中三根如图中所示，对折后作为中心线，最后一根玉线在其上打平结。

3、如图，用八根线编斜卷结，形成一个"八"字形。

4、如图，中间的两根线编一个斜卷结。

5、继续步骤4，连续编斜卷结，再次形成一个"八"字形。

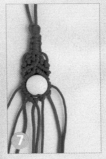

6、在中间的两根线上穿入一颗白珠。

7、在白珠的周围编斜卷结，将其固定。

8、如图，右侧第二根线上穿入一颗塑料珠。

9、如图，用右侧第二根线编斜卷结，并在右侧第一根线上穿入两颗塑料珠。

10、同样将两侧的塑料珠都穿好，继续编"八"字斜卷结。

11、按照步骤6～10，继续编结。

12、编至合适的长度后，用最外侧的两根线在其余六根线上打平结，并将多余的线剪去，用打火机烧粘。

13、另取一段线，打平结，将手链的两端包住，使其相连，并在线的末尾穿入白珠。

梦影

心生万物，世间林林总总，一念成梦幻泡影，一念承载了"生"全部的意义。

材料：一根150cm长的玉线，四根100cm长的玉线，一颗瓷珠

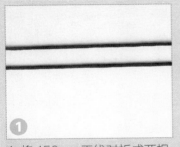

1. 将150cm玉线对折成两根。

2. 在对折处留出一个小圈，开始编金刚结。

3. 编到合适长度后，如图，将金刚结下方的两根线穿入顶端留出的小圈内。

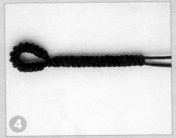

4. 如图，继续编金刚结。

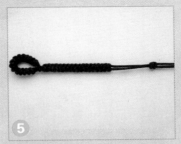

5. 编好一段金刚结后，在下方3cm处打一个双联结。

6. 将四根100cm长的玉线拿出，如图中所示，并排穿入金刚结和双联结之间的空隙中。

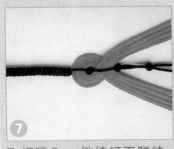

7. 相隔3cm继续打双联结。接着，将四根玉线如图中所示交叉穿过双联结之间的空隙中。

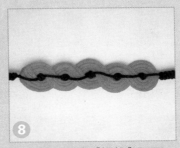

8. 共做出五个"铜钱"即可。

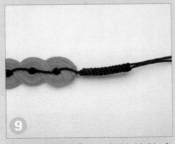

9. 在"铜钱"下方继续编金刚结。

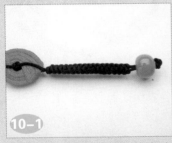

10. 编到合适长度后，将瓷珠穿入，并打单结将其固定，烧粘即可。

鸢尾

行路中，丛丛鸢尾，
染蓝了孤客的心。

材料： 一根30cm的玉线，
一根60cm的玉线，四个蓝水
晶串珠，两个塑料串珠

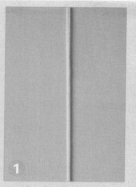   

1. 将30cm的玉线作为中心线。

2. 用另一根玉线在上面打一段平结，将线头剪去，烧粘。

3. 穿入一个蓝水晶串珠。

4. 再打一段平结，将线头剪去，烧粘。

 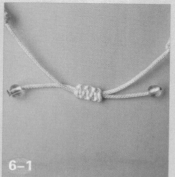 

5. 重复步骤2～4，完成手链主体部分，共穿入四个蓝水晶串珠，然后在绳子的两个末端各穿入一个塑料珠。

6. 用同色线打一段平结，包住手链首尾两端的线即可。

第三章

项链

通过穿、压、缠、绕、编等一些简单的编制，就能轻松地拥有自己喜欢的项链饰品！本章精挑细选多款精致的项链，这些项链通过结法、线材、配饰的不同组合，打造出或经典、或时尚、或庄重、或清新的风格，适合不同场合佩戴。

在水一方

　　绿草苍苍，白雾茫茫，有位佳人，在水一方。我愿顺流而下，找寻她的足迹。却见她仿佛依稀在水中伫立。

材料：三根6号线，两种不同颜色股线，五颗瓷珠，一个瓷片挂坠，三个铃铛

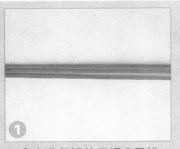

1．拿出准备好的三根6号线。

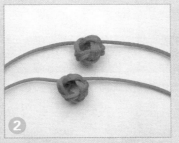

2．用两根线编两个菠萝结。

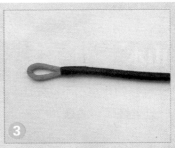

3．取出另一根线，在中心处对折，留出一小段距离，并在其上缠绕一段股线，将两根线完全包裹。

4．拿出瓷片和铃铛。

5．将铃铛穿入瓷片下方的三个孔内。

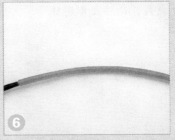

6．在项链的中心处缠绕另一种颜色的股线。

7．如图，将瓷珠和菠萝结分别穿入项链上。

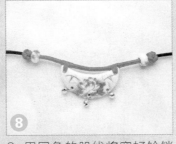

8．用同色的股线将穿好铃铛的瓷片缠绕到项链的中央。

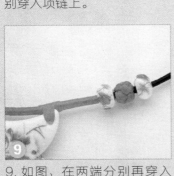

9．如图，在两端分别再穿入一颗瓷珠。

10．最后，在项链的一端穿入一颗瓷珠，即成。

山水

心如止水，不动如山，而山水又无限明媚，偿世人一处处巍峨、清喜。

材料： 一根150cm的蜡绳，一根50cm的玉线，一个山水瓷片，两颗扁形瓷珠

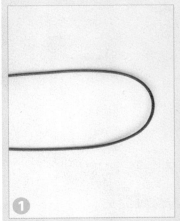

1. 将蜡绳对折。

2. 如图，在对折处，间隔 5cm 打两个单结。

3. 如图，在单结两侧分别穿入一颗扁形瓷珠。

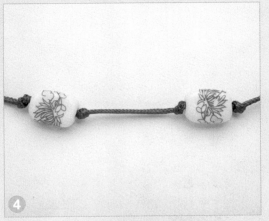

4. 在珠子两侧分别打一个单结，将瓷珠固定。

5. 在蜡绳中心处缠上双面胶，用玉线缠绕。

6. 缠至 2cm 处，将山水瓷片穿入，继续缠绕。

7. 最后，蜡绳两端互相打搭扣结，使相连。

宽心

春有百花秋有月，夏有凉风冬有雪。若无闲事挂心头，便是人间好时节。

材料： 两根120cm的玉线，一个小铁环，一个玉佛挂坠

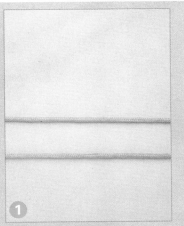

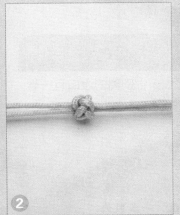

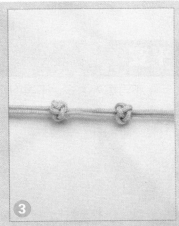

1、将两根线准备好。

2、在中间部位打一个纽扣结。

3、间隔 3cm 处，再打一个纽扣结。

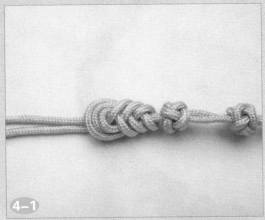

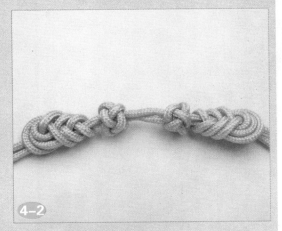

4、在两个纽扣结的外侧各打一个琵琶结。

5、将用铁环穿好的玉佛挂坠挂在两个纽扣结中间。

6、最后，两个尾端的线互相打单结，使得项链两端连结。

平安

不再思考太多，不再回忆太多，别离的渡口有一艘
温暖的航船，默默地念着：祝你平安。

材料：一根5号线，一根玉线，一段股线，一
颗瓷珠，一颗木珠

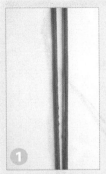

1. 将5号线对折。

2. 对折后，留出一小段距离，在其上缠绕一段股线。

3. 然后打一个双联结。

4. 再用玉线在5号线上打一段单向平结。

5. 再打一个双联结，并穿入一颗木珠。项链主体部分的一半完成了。

6. 按照上述步骤完成项链的另一半，并在尾端穿入一颗瓷珠。

7. 做一个线圈。

8. 拿出瓷珠。取一段线，在线圈上缠绕一段股线。

9. 将步骤8做好的线圈，如图中所示挂在木珠的两侧。

10. 将步骤9中缠好股线的线挂在线圈之上，并打双联结，将其固定。

11. 最后，将瓷珠穿入线的下方，即可。

好运来

好运来，好运来，祝你
天天好运来。

材料：两根120cm的玉线，
一颗瓷珠挂坠，两颗小瓷珠

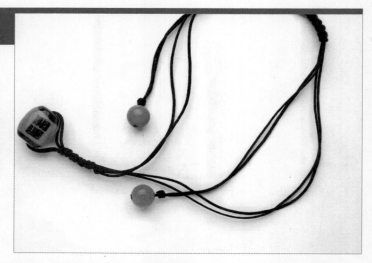

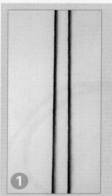
①

1. 拿出准备好的
两根玉线。

②

2. 如图，交叉穿
过瓷珠挂坠中。

③

3. 分别在瓷珠
的两侧打一个双
联结。

④-1　**④-2**

4. 两端分别打三个结即可。左边最
外侧的蓝线从后面绕到四根红线的中
间，压住两根红线。

⑤

5. 如图，在结尾
处打一个双联结。

⑥

6. 穿入一颗瓷
珠，剪去线头，
烧粘。

⑦-1

⑦-2

7. 最后，取一段玉线打平结，将两根线包住，使其首尾
相连即可。

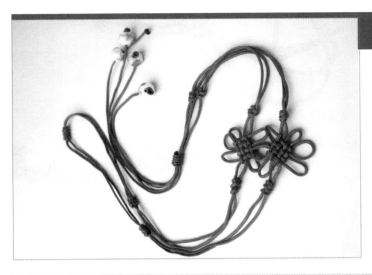

当归

南飞的秋雁，寻着往时
伊定的秋痕，一去不返。

材料： 两根200cm的玉线，
四颗瓷珠

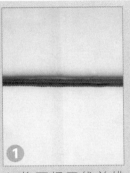

❶

1.将两根玉线并排
摆放。

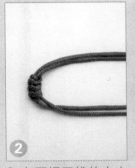

❷

2.在两根玉线的中心
处打一段蛇结。在中
心处的蛇结左右两边
10cm处各打一段相
同长度的蛇结。

❸

3.再次相隔10cm
打蛇结。

❹

4.在蛇结下方编二回
盘长结，再打蛇结固
定。注意左右两边都
要打结，并相互对称。

❺

5.最后，在四根线
的尾端各穿入一颗瓷
珠，并打单结固定。

❻-1

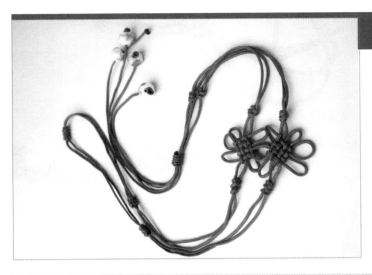

❻-2

6.最后，打一个秘鲁结将项链的首尾两端相连即可。

琴声如诉

琴声中，任一颗心慢慢沉静下来。浮躁世界滚滚红尘，唯愿内心如清风朗月。

材料： 一根60cm的璎珞线，四根30cm的玉线，一段股线，一个招福猫挂坠

① 1.将一根璎珞线作为中心线。

② 2.取两根玉线，将其粘在璎珞线的一端，在其连接处缠上一段股线。在璎珞线的另一端也做同样的处理。

③ 3.接着用玉线打一个单结。

④ 4.在璎珞线的中心处偏上方，如图中所示缠上两段股线。在璎珞线的另一端，与其对称处同样缠上两段股线。

⑤ 5.取一根玉线，挂在璎珞线的中心处。

⑥ 6.将准备好的招福猫挂坠穿入挂在璎珞线中心处的玉线上。

7-1

7-2

7.用结尾的玉线，相互打搭扣结，将项链的首尾两端相连。

　　亲手制作的心仪小饰物戴在头上，总有一种无以言喻的幸福及满足感。本章精心挑选了几款漂亮又好搭配的发饰，制作方法简单，步骤超详细，每一款设计都独具匠心、个性张扬，非常适合年轻人的时尚追求。

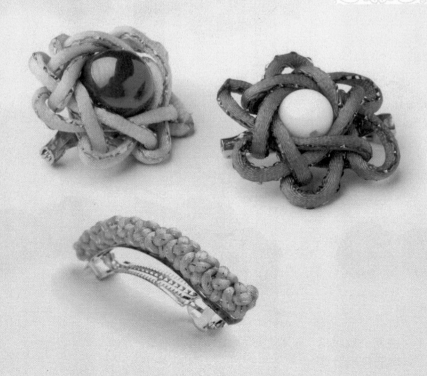

永恒

予独爱世间三物。昼之
日，夜之月，汝之永恒。

材料：一根60cm的扁线，
一个别针，热熔胶

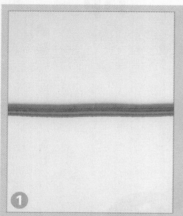

1、准备一根扁线。

2、在中心部位编一个双钱结。

3、如图，再编一个双钱结。

4、调整结形，使两个双钱结
互相贴近，以便适合别针的
长度。

5、最后用热熔胶将结体与别针粘连。

春意

花开正妍，无端弄得花香沾满衣；情如花期，自有锁不住的浓浓春意。

材料： 一根80cm的5号夹金线，一颗珍珠串珠，一个别针

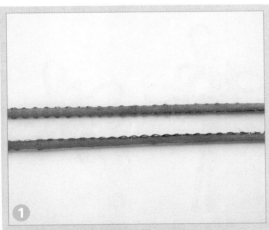

1. 将夹金线对折成两根线。

2. 编一个双线双钱结，注意将中间的空隙留出。

3. 将串珠嵌入结体中间的空隙中。

4. 最后，将整个结体粘在别针上面即成。

忘川

楼山之外人未还。人未还，雁字回首，早过忘川。抚琴之人泪满衫，扬花萧萧落满肩。

材料： 一根80cm的扁线，一颗白色珠子，一个别针

1. 将准备好的扁线对折。

2. 用对折后的扁线编一个吉祥结。

3. 在编好的吉祥结中心嵌入一颗白色珠子。

4. 将下方的线剪至合适的长度，用打火机将其烧连在一起。

5. 将别针准备好。

6. 用热熔胶将编好的吉祥结粘在别针上即成。

唯一

一叶绽放一追寻，一花盛开一世界，一生相思为一人。

材料：一个发夹，一根50cm的4号夹金线，热熔胶

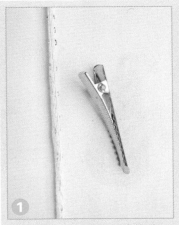

1.准备好一根线和一个发夹。

2.用4号夹金线编好一个发簪结。

3.将结收紧到合适的大小，剪去线头，用打火机烧粘。

4、用热熔胶将编好的发簪结粘在发夹上，即可。

朝云

殷勤借问家何处，不在红尘。若是朝云，宜作今宵梦里人。

材料： 一根50cm的5号夹金线，一个发夹，热熔胶

1. 将夹金线对折成两根线。

2. 对折后，注意一根线短，一根线长，开始编琵琶结。

3. 编好琵琶结后，将线头剪去，烧粘，准备好发夹。

4-1

4-2

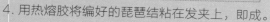

4. 用热熔胶将编好的琵琶结粘在发夹上，即成。

小桥

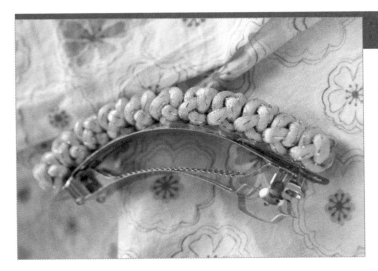

犹记得小桥上你我初见面，柳丝正长，桃花正艳，你的眼底眉间巧笑嫣嫣，我独认得暗藏其中的情意无限……

材料：一根80cm的4号夹金线，一个发卡，热熔胶

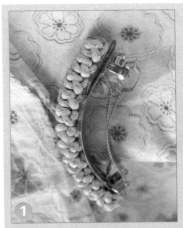

1. 准备好一个发卡，一根4号夹金线。

2. 将准备好的线对折，开始打纽扣结。

3. 根据发卡的长度打一段纽扣结。

4. 用热熔胶将打好的纽扣结粘在发卡上，即成。

琵琶曲

情如风，意如烟，琵琶一曲过千年。

材料：两根110cm的4号线，一个发卡

1、先用一根线编好一个琵琶结。

2、再用另一根线打好一个纽扣结。

3、接着，在下面编一个琵琶结。

4、将编好的两个琵琶结整理好结形，剪去线头，烧粘，再扣在一起，一组琵琶结盘扣就做好了。

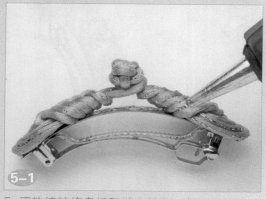

5、用热熔胶将盘扣和发卡粘在一起，即可。

小小盘扣蕴藏着质朴、自然的情愫，蕴含着人们对美好生活的寄托和追求，还具有招福纳祥、传情达意的含义。本章所挑选的几款盘扣具有代表性，且较为简单，并且具有现代生活气息，奉献给广大读者，心灵手巧的你不妨一试。

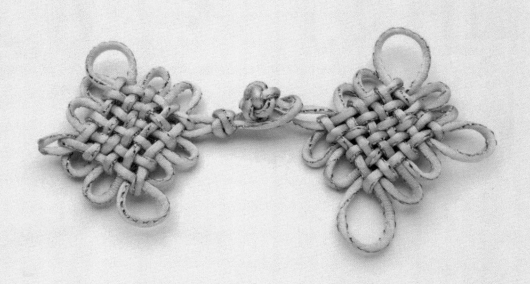

无尽相思

无情不似多情苦，一寸还成千万缕。天涯地角有穷时，只有相思无尽处。

材料：两根 80cm 的 5 号夹金线

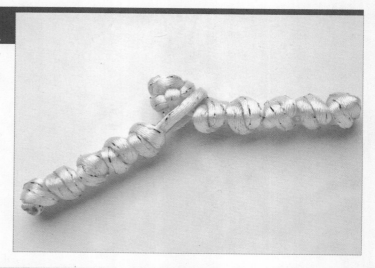

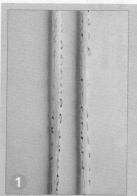

1.将一根夹金线对折。

2.在对折处留一小段距离，打一个双联结。

3.然后，连续打四个双联结，并将末尾的线剪去，烧粘。

4.取出另一根线，对折，然后打一个纽扣结作为开头。

5.在纽扣结下方打一个双联结。

6.继续打四个双联结，剪去线头，烧粘即可。

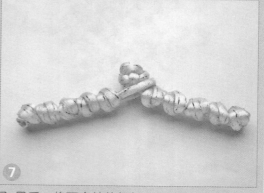

7.最后，将两个结体相扣，即成。

如梦人生

人生如梦，聚散分离，朝如春花暮凋零，几许相聚，几许分离，缘来缘去岂随心。

材料： 两根100cm的5号夹金线

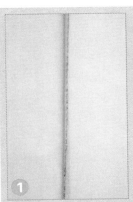

1. 取出一根5号夹金线。

2. 将其对折，然后编一个简式团锦结。

3. 编好后，如图，打一个双联结。

4. 剪去多余的线头，用打火机将其烧连成一个圈。

5. 再取出另一根线。同步骤2，编一个简式团锦结。

6. 编好后，打一个纽扣结。

7. 将多余的线头剪去烧粘后，再将两个结体相扣，即成。

时光如水

时光如水，总是无言。若你安好，便是晴天。

材料：两根5号夹金线

96 ·

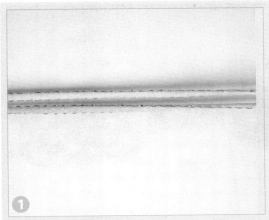

1、取出一根线，对折。

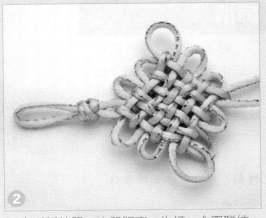

2、在对折处留一小段距离，先打一个双联结，然后在其下编一个三回盘长结。

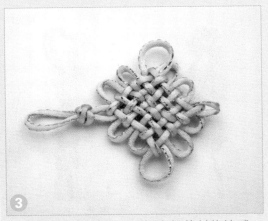

3、将多余的线剪去，用打火机将其烧连成一个圈。

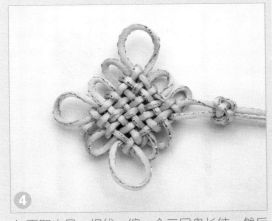

4、再取出另一根线，编一个三回盘长结，然后在其下方打一个纽扣结。

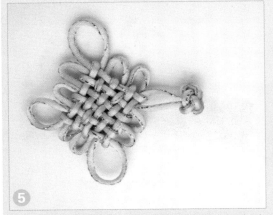

5、将编好的纽扣结上多余的线头剪去，用打火机烧粘。

6、最后，将编好的两个结体相扣，即成。

痴情

好多年了，你一直在我的伤口中幽居，我放下过天地，却从未放下过你，我生命中的干山万水，任你——告别。

材料： **两根100cm的索线**

1. 取出一根索线。

2. 将其对折后，打一个纽扣结。

3. 在纽扣结下方编一个发簪结。将多余的线头剪去，烧粘。

4. 再取出另一根索线。对折后，留出一小段距离，打一个双联结。

5. 在双联结下方编一个发簪结。

6. 将多余的线头剪去，烧粘。

7. 最后，如图，将两个结体相扣，即成。

心有千千结

天不老，情难绝。心似双丝网，中有千千结。

材料：两根100cm的5号夹金线

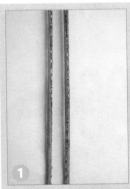

1. 先将一根线对折。

2. 留出一小段距离，打一个双联结，并在双联结的下方打一个二回盘长结。

3. 将多余的线头剪去，用打火机烧连成一个圈。

4. 再取出另一根线，先编一个二回盘长结。

5. 在盘长结下方打一个纽扣结。

6. 将纽扣结下方多余的线头剪去，并用打火机烧粘。

7. 最后，将两个编好的结相扣，即成。

一诺天涯

一壶清酒，一树桃花，谁在说着谁的情话，谁又想去谁的天涯。

材料： 两根80cm的5号线

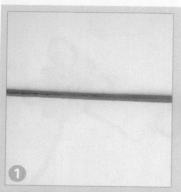

1. 先取出一根5号线。

2. 如图，将其对折后，留出一小段距离，连续编三个酢浆草结。

3. 编好后，将末尾的线头剪至合适的长度，并用打火机将其烧连成一个圈。

4. 再取出第二根线。同步骤3，将其对折，编三个连续的酢浆草结。最后，在其尾部打一个纽扣结。

5. 将步骤4编好的纽扣结剪去多余线头，然后用打火机烧粘。最后，如图中所示，将编好的两个结体相扣，即成。

　　漂亮的耳环永远是女孩子们的最爱，她们时时刻刻追求着美，制造着美，演绎着美。本章将介绍多款耳环的编法，每一款作品都有精美的大图，也有制作的分解图，就算你是新手，也可以轻易做出好看的耳环来。

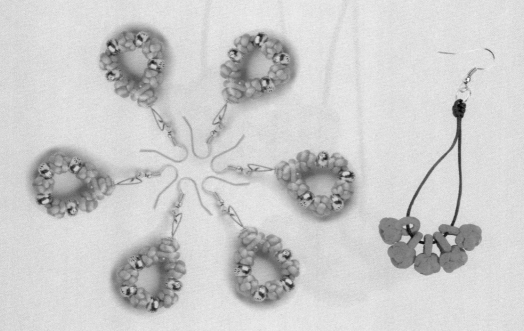

绿荫

一颗温柔的泪落在我枯涩的眼里，一点幽凉的雨滴进我憔悴的梦里，是不是会长成一树绿荫来覆荫我自己？

材料： 两根30cm的黑色A玉线，十根30cm的5号线，一对耳钩，两个小铁环

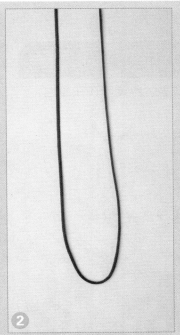

1.用红色5号线编5个纽扣结，注意每个纽扣结上端要留出一个圈。

2.将黑色Ａ玉线对折。

3.将编好的纽扣结穿入黑色玉线中。

4.在黑色玉线上端打凤尾结，烧粘。

5.在打好的凤尾结前端穿入耳钩即可。按照同样的步骤再做一个。

蓝色雨

开始或结局已经不那么重要，纵使我还在原地，
那场蓝色雨已经远离。

材料：50cm的6号线两根，银色串珠八个，珠针两个，花
托两个，耳钩一对

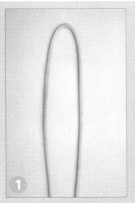

1. 将准备好的线对折。

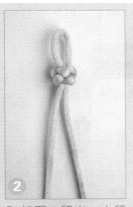

2. 如图，留出一小段距离，打一个纽扣结。

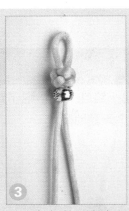

3. 在纽扣结下方穿入一颗珠子。

4. 然后，打一个纽扣结，再穿入一颗珠子，共打5个纽扣结，穿入4颗珠子。最后，稍稍留出空余后，再打一个纽扣结。

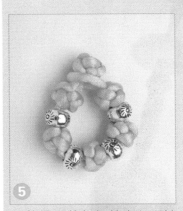

5. 将最后的纽扣结穿入顶端的圈内，使得主体部位相连。

6. 如图，从相连的纽扣结下方插入一根珠针。

7. 在珠针上套入一个花托。

8. 将珠针的尾部弯成一个圈。

9. 将耳钩穿入即可，另一只制作步骤与此相同。

山桃犯

山桃的红，泼辣地一路红下去，犯了青山绿水，又无端将春色搅了个天翻地覆。

材料：两根80cm的玉线，四颗玛瑙串珠，两颗木珠，四颗黑珠，一对耳钩

1. 将一根玉线在中心处对折。

2. 将一个耳钩穿入线内。

3. 打一个双联结，将耳钩固定。

4. 穿入一颗玛瑙串珠。

5. 打一个纽扣结，将串珠固定。

6. 另取一根线打一个菠萝结，穿入纽扣结下方。

7. 再打一个纽扣结，将菠萝结固定。

8. 穿入一颗玛瑙珠，再打一个双联结固定。

9. 穿入一颗木珠。

10. 打一个双联结，将木珠固定。

11. 在结尾的两根线上分别穿入一颗黑珠。

12. 最后，打单结将黑珠固定，即成。另一只耳环的做法同上。

乐未央

初春的风，送来远处的胡琴声，和一丝似有若无的低吟，这厢听得耳热，那厢唱得悲凉……

材料： 两根细铁丝，两根30cm的5号线，两块饰带，一对耳钩，两个小铁环

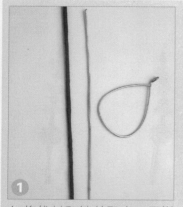

① 1. 将线材和铁丝取出，用钳子将铁丝弯成图中的形状。

② 2. 如图，在铁丝上粘上双面胶，然后将5号线缠绕在铁丝上。

③ 3. 缠绕完之后的形状如图。

④ 4. 将耳钩穿上小铁环，然后挂在铁丝顶端的圈里。

⑤-1

⑤-2 5. 最后，如图，将饰带粘在耳环的下方。一只耳环就完成了。另一只耳环的做法同上。

迷迭香

留住所有的回忆，封印一整个夏天，献祭一株迷迭香。

材料：两根不同颜色的玉线，一对耳钩，八个小藏银管

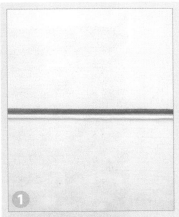

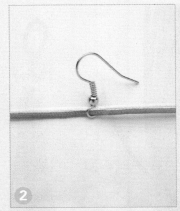

1. 将两根不同颜色的玉线并排放置。

2. 将耳钩穿入两根线的中央。

3. 如图，打一个蛇结，将耳钩固定。

4. 在蛇结下方，编一个吉祥结。

5. 将吉祥结下方的四根线剪短，然后在每根线上分别穿入一颗藏银管，一只耳环就完成了。另一只耳环做法同上。

解语花

一串挂在窗前的解语花风铃，无论什么样的风，都能发出一样清脆的声音……

材料： 两束流苏线，两个青花瓷珠，两个小铁环，一对耳钩

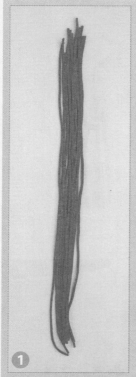

1. 准备好一束流苏线。

2. 取一条线将流苏线的中央系紧。

3. 将系流苏的线拎起，穿入一颗青花瓷珠，作为流苏头套在流苏上。再将系流苏的线剪到合适的长度，用打火机烧连成一个圈。

4. 将耳钩穿入顶部的圈内，再将流苏底部的线剪齐即可。

　　指间的小小装饰也会让你成为炫目的焦点，可别小看它们哟。本章选取了几款漂亮的戒指，虽然简单，但最后出来的效果，却绝对不平凡。而且，所有作品的制作过程还相当简单，每一款作品都有精美的大图和步骤图，就算是刚入门的你，也可以轻松做出漂亮的戒指来。

蓝色舞者

她们，踮着脚尖，怀揣着一个斑斓的世界，孑然独行着……

材料：一根80cm的玉线，四颗塑料珠

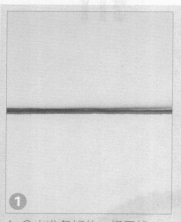

1. 拿出准备好的一根玉线。

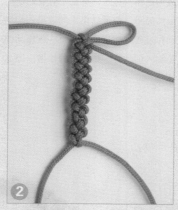

2. 开始编锁结，注意开头留出一段距离。

3. 编到合适的长度后，将线抽紧。

4. 如图，用两端的线打一个蛇结，使其相连。

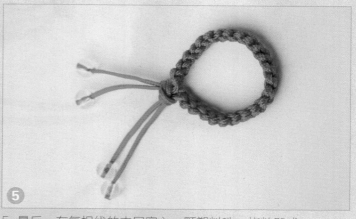

5. 最后，在每根线的末尾穿入一颗塑料珠，烧粘即成。

刹那无声

回首一刹那，岁月无声，安静得让人害怕，原来时光早已翩然，与我擦身而过。

材料： 一根30cm的玉线，一个小藏银管

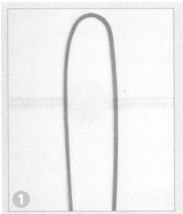

1、将玉线对折后，剪断，成两条线。

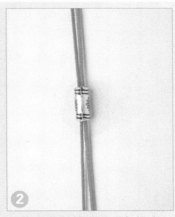

2、将小藏银管穿入两条线内。

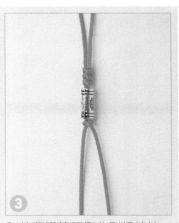

3、从藏银管两侧分别打蛇结。

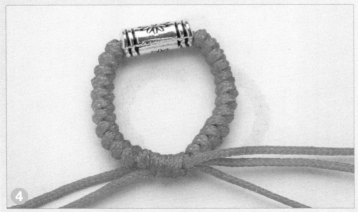

4、编到一定长度后，用一段线编秘鲁结将戒指的两端相连。

5、将多余的线头剪掉，烧粘即可。

如酒

寂寞浓到如酒，令人微醺，却又有别样的温暖落在人心。

材料：一根20cm的5号线，一根10cm的玉线，一根40cm的玉线

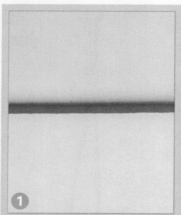

1. 拿出准备好的5号线。

2. 编一个纽扣结，将结抽紧，剪去线头，烧粘。

3. 将10cm的玉线对折，穿入编好的纽扣结的下方。

4. 玉线穿入纽扣结后，用打火机将两头烧连。

5. 用另一根玉线在烧连成圈的玉线上打平结，最后，将线头剪去，烧粘，即成。

宿债

我以为宿债已偿，想要忘记你的眉眼，谁知，一转头，你的笑兀自显现。

材料： **两根4号夹金线**

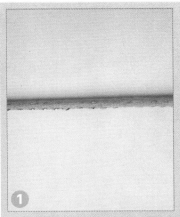

1. 先拿出一根夹金线。

2. 编一个双线双钱结，将多余的线剪去，烧粘。

3. 取出另一根夹金线，穿过编好的结的下方。

4. 如图，将第二根线烧连成一个圈即可。

远游

　　大地上有青草，像阳光般蔓延，远游的人啊，你要走到底，直到和另一个自己相遇。

材料：一根10cm的玉线，一根30cm的玉线，一个串珠

1、将短线拿出。

2、将串珠穿入短线内。

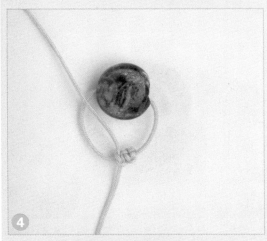

3、将短线用打火机烧粘，成一个圈。

4、用长线在短线上打平结。

5、打到最后，将线头剪去，用打火机烧粘即可。

梅花烙

问世间情为何物，看人间多少故事，我只愿在你的指间烙下一朵盛放的梅……

材料： 一根40cm的玉线，一颗塑料珠

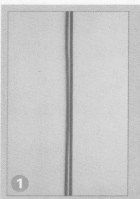

1、将玉线对折。

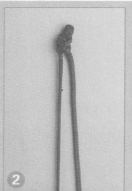

2、用对折好的玉线编金刚结，注意，开头留下一个小圈的距离。

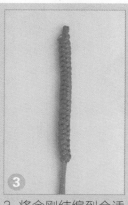

3、将金刚结编到合适的长度。

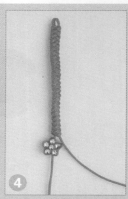

4、在一根线上穿入塑料珠。

5、将穿好珠的线穿入开头留下的小圈中。

6、最后，将多余的线头剪去，用打火机烧粘固定，即成。

只需花点小心思，费点时间，就可以做出极具个性的潮流饰品。只要按照本章的操作方法去制作，你就可以做出个性时尚的手机链。你可以把这份小巧别致的礼物送给自己，或者把这份充满爱意的礼物送给她或他，为其带来一份惊喜！

招福进宝

一只胖胖的小猫，左手招福，右手进宝，为你祈愿，纳财。

材料： 三根不同颜色玉线，各120cm、100cm、80cm，一个招福猫挂坠

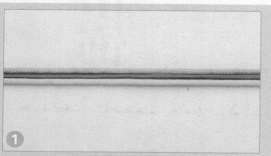

1. 选好三根不同颜色的玉线。

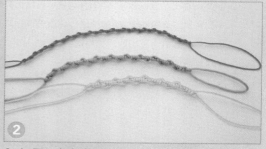

2. 如图，每根线对折后留出一个圈，开始编雀头结，注意编结方向一致，这样可以编出螺旋的效果。

3. 如图，将编好的三根线的尾线穿入开头留出的圈中，使其形成一个圈，并让三个圈按照大小相套。

4. 将招福猫挂坠穿入最小的圈内，并使三圈相连，仅留下两根尾线。

5. 最后，将两根尾线用打火机烧连成一个圈，即成。

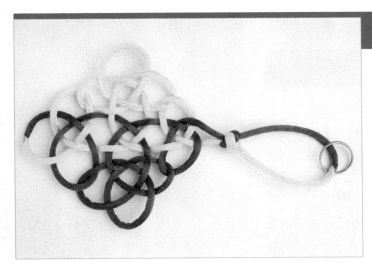

若素

　　繁华尽处，寻一处无人山谷，铺一条青石小路，与你晨钟暮鼓，安之若素。

材料：两根不同颜色70cm的5号线，一个钥匙圈

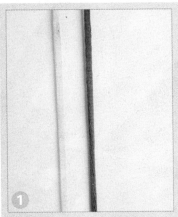

1. 将两根线平行排列，并用打火机将其烧粘在一起。

2. 编一个十全结。

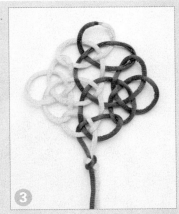

3. 编好后，在下方打一个双联结。

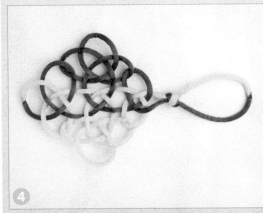

4. 将下方的线头剪至合适的长度，用打火机将其烧粘成一个圈。

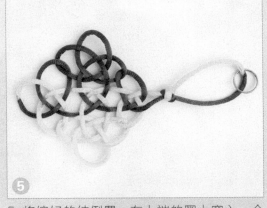

5. 将编好的结倒置，在上端的圈上穿入一个钥匙圈，即成。

开运符

平安好运，福彩满堂。

材料：一根200cm的5号夹金线，一颗大扁瓷珠，两颗小圆瓷珠

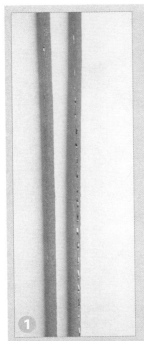

1、将线对折成两条。

2、在线的对折处留出一小段距离，打一个双联结。

3、在双联结下方编一个三回盘长结，注意将结体抽紧。

4、在盘长结下方，打一个双联结。

5、接着，穿入一颗大瓷珠。

6、打一个双联结，将瓷珠固定。

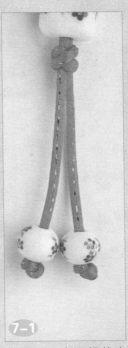

7、最后，在两根线上分别穿入一颗小瓷珠，并在末尾打单结将其固定。

涟漪

不经意的笑如同春风戏过水塘，漾起的波纹盈向
我的心口，将我淹没在心甘情愿的沉沦。

材料：四根不同颜色的5号线各40cm，一颗瓷珠，一个
龙虾扣，一个手机挂绳

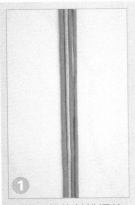

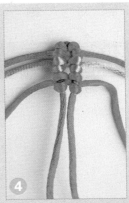

1、将四根线并排摆放。

2、选取其中一根作为中心线，对折后，取一根线在其上打斜卷结。

3、另取一根线，以同样的方法在中心线上打斜卷结。

4、取第三根线在中心线上打斜卷结。

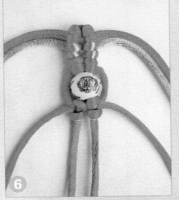

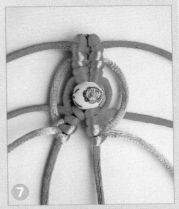

5、在中心线上穿入一颗瓷珠。

6、如图，第三根线包住瓷珠，在中心线的两根线上各打一个雀头结。

7、如图，第二根线向下在中心线的两根线上各打一个雀头结。

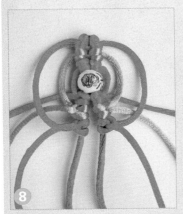

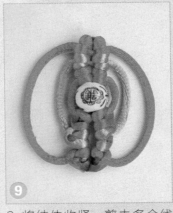

8、如图，第一根线向下在中心线的两根线上各打一个雀头结。

9、将结体收紧，剪去多余线头，用打火机烧粘。

10、将穿入龙虾扣的手机挂绳挂在结的上端，即可。

错爱

也许是前世的姻，也许是来生的缘，却错在今生
与你相见。

材料： 四根不同颜色的5号线各60cm，一个招福猫挂
坠，一个手机挂绳，一个小铁环

1. 准备好四根5号线。

2. 选取其中一根线作为中心线，对折后，将招福猫挂坠穿入其中。

3. 将手机挂绳穿入线的顶端。

4. 拿出一根线，在中心线上打平结。

5. 打好一段平结后，剪去线头，烧粘。

6. 拿出另一根线继续打同样长度的平结。

7. 将第二个平结的线头剪去，烧粘。用第三根线继续打平结，长度相同。

8. 三段平结打好后，将中心线尾端的线缠在招福猫下方的线上，让三个平结形成一个三角形。最后，将线烧粘，固定即可。

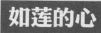

如莲的心

在尘世，守一颗如莲的心，清净，素雅，淡看一切浮华。

材料：一根100cm的玉线，两颗金色珠子，一个玉坠

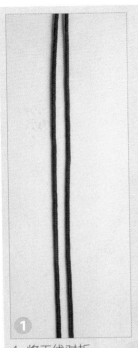

1

1. 将玉线对折。

2

2. 对折后，在中心处打一个双联结。

3

3. 接着，编一个二回盘长结。

4

4. 再打一个双联结。

5

5. 在每根线上各穿入一颗金珠，并打一个双联结将珠子固定。

6-1

6-2

6. 将玉坠穿入下方的线内，即成。

绿珠

青山绿水间一路通幽，细雨霏霏情意深浓。

材料：一根100cm的玉线，四颗玛瑙珠，两颗塑料珠

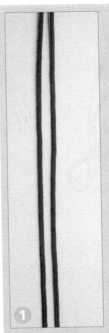

1、将准备好的玉线对折。

2、在对折处打一个双联结。

3、在双联结下方编一个二回盘长结。

4、再打一个双联结。

5、穿入一颗玛瑙珠。

6、打两个蛇结将珠子固定。

7、再穿入一颗玛瑙珠。

8、重复步骤5~7，将四颗珠子穿完。

9、最后，在两根线的末尾各穿入一颗塑料珠即成。

彼岸花

彼岸花开，花开彼岸，
花开无叶，叶生无花，花叶
生生相惜，永世不见。

材料：一根80cm的5号
线，一个铜钱，两颗景泰
蓝珠

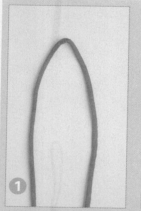

1. 将线在中心处对折。

2. 编一个吉祥结。

3. 在下方处打一个双
联结。

4. 将铜钱穿入双联结
的下方。

5. 打一个双联结将铜
钱固定。

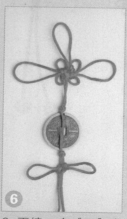

6. 再编一个"万"字
结。

7. 最后，在两根线的尾端各穿入一颗景泰
蓝珠，即成。

第九章

挂饰

　　有时候你需要做一些日常的挂饰，比如说车挂；或者你想在一些特殊的日子做些小礼物，比如圣诞节、情人节、生日或其他一些纪念日，那么这一部分便是你需要的。这章将会介绍很多吸引人的装饰性作品，都可以应用到你的生活中。

鞭炮

爆竹声中一岁除，春风送暖入屠苏。千门万户曈曈日，总把新桃换旧符。

材料： 一根150cm的5号线，数根彩色100cm的5号线，金线

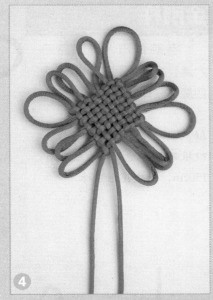

1、取两根红色5号线，编圆形玉米结。

2、编好后，取一小段黄色5号线作为鞭炮芯编入结内，如有必要，可用胶水粘牢固定。

3、在编好的鞭炮结体上下两端缠上金线。一个鞭炮就做成了。可根据相同步骤，做出多个不同颜色的鞭炮。

4、编一个五回盘长结，作为串挂鞭炮的装饰。

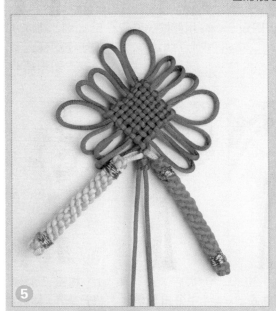

5、将编好的鞭炮穿入盘长结下方的线内。穿好一对后，在下方打一个双联结固定。

6、将所有编好的鞭炮穿好，一挂鞭炮就做成了！

金刚杵

菩萨低眉，所以慈悲六道；金刚怒目，所以降伏四魔。

材料： 一根80cm的璎珞线，四根不同颜色的5号线，各150cm，一个花形串珠

1.先拿出璎珞线。

2.将其对折后，留出一段距离打一个纽扣结。

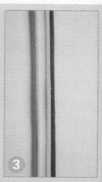

3.再拿出四根5号线。

4.用四根线编双线十字结。

5.如图，将编好的十字结套入璎珞线上纽扣结的下方。

6.如图，八根5号线分成四组，开始编金刚结。

7.编到合适的长度后，将花形串珠穿入璎珞线上。

8.打一个纽扣结，将串珠固定。

9.最后，从八根线中分出一根线打秘鲁结，将所有的线材裹住。

10.将剩余的线修剪整齐，即成。

舒心

我们要有简单而幸福的一生：怀助人的心，做舒心的事，爱单纯的人，走幸福的路。

材料：一根 120cm 的 5 号线，一个招财猫挂饰，一束流苏

①

1、将线在中心处对折，留出一段距离，然后打一个双联结。

②

2、接着，编一个复翼盘长结。

③

3、编好后，再打一个双联结。

④

4、将招财猫挂饰穿入双联结的下方。

⑤

5、将准备好的流苏绑在线的末端，即成。

一笑而过

情不知所起，一往而深。恨不知所踪，一笑而泯。

材料： 一根150cm的5号线，一个铜钱，两颗景泰蓝串珠

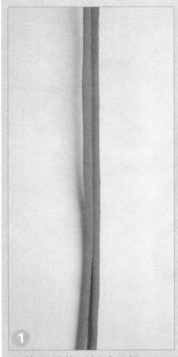

1、将5号线对折成两根。

2、编一个单耳复翼盘长结。

3、将结体收紧后，在下方打一个双联结，再穿入一个铜钱。

4、再打一个双联结将铜钱固定。

5、最后，在两根线尾分别穿入一颗景泰蓝串珠，烧粘即可。

风华

孜孜以求的风华不过是一指
流沙，而苍老的却是一段年华。

材料： 一根150cm的5号线，一
个脸谱形饰物，一束流苏

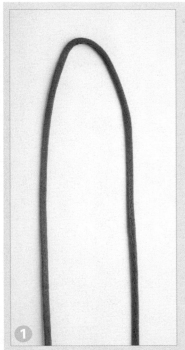

1、将准备好的绳子对折。

2、留出一段距离，打一个双联结。

3、然后编一个四回盘长结。

4、在盘长结的尾部挂上一束同色的流苏。

5、最后，将脸谱形饰物粘在盘长结上即可。

层层叠叠

我的爱层层叠叠，我的情层层叠叠，我的心亦层层叠叠……

材料： 五根300cm的5号线

1、准备好五根5号线。

2、如图，左边的蓝线从粉线后方绕过，右边的蓝线从粉线前方压过，两条线相互挑压。

3、如图，左边的蓝线压过两边的粉线，从中间的粉线下方向右穿过。右边的蓝线从粉线后方绕过，两线相互挑压。

4、如图，右边的蓝线压过中间的粉线，从两边的粉线下方向左穿过。左边的蓝线从粉线下方绕过，两线相互挑压。

5、将线拉紧。

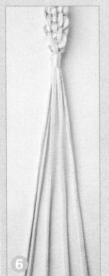

6、编至一定长度后，选一根细线在其上打秘鲁结固定。

7、在五根线的尾端打凤尾结即成。

梵志

山云当幕，夜月为钩。卧藤萝下，块石枕头。不朝天子，岂羡王侯。生死无虑，更复何忧。

材料： 一根200cm的扁线

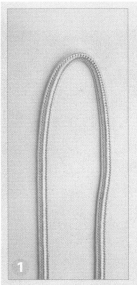

1、将扁线在中心处对折。

2、打一个双联结。

3、再编一个双钱结。

4、继续编双钱结，注意线的走向，每次编结时绕线的方向要不同，才能编出平整的效果。

5、编到合适长度后，打一个双联结。

6、在双联结下方打一个纽扣结作为结束，即成。

送别

晚风拂柳笛声残，夕阳山外山。天之涯，地之角，知交半零落。一壶浊酒尽余欢，今宵别梦寒。

材料： 一根80cm的璎珞线，两颗串珠

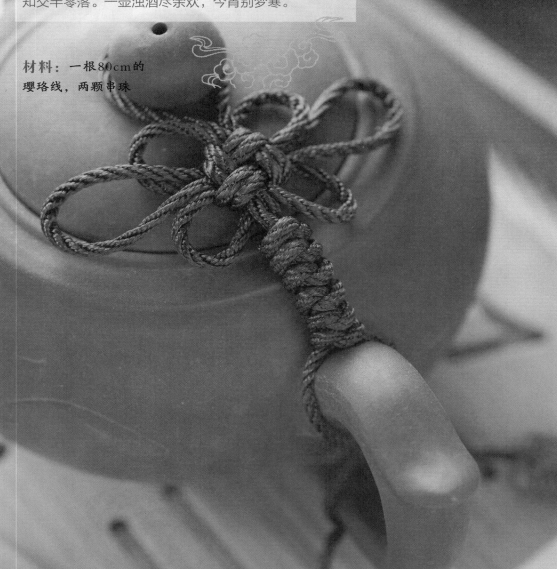

1. 如图，将璎珞线挂在茶壶盖上。

2. 如图，编一个吉祥结。

3. 在吉祥结下方开始编蛇结。

4. 编到合适的长度后，将线缠绕在茶壶把上，并在茶壶把的下方打一个蛇结固定。

5. 最后，将两颗串珠分别穿在两根线的末尾，烧粘即可。

忘忧草

嵇康说:"萱草忘忧。"所以萱草又名"忘忧草",而吴地的书生们称它为"疗愁"。

材料: 一根80cm的玉线

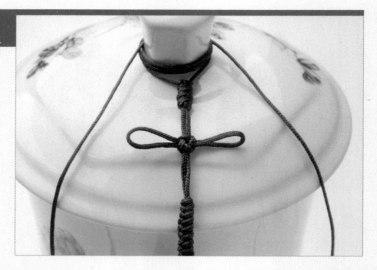

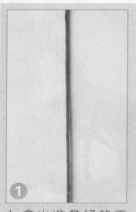

1. 拿出准备好的玉线。

2. 如图,将线拴在茶杯的把手上,开始编金刚结。

3. 编好一段后,在其下方编一个酢浆草结。

4. 继续编金刚结。

5. 编好一段金刚结后,将线的末端绕在茶杯盖上,最后编两个凤尾结作为结尾即成。

中篇

折纸

创意实用一学就会

第一章

折纸基本技巧

在你开始动手做这本书里介绍的各种折纸之前，了解一些纸的性能和明白精确折叠的重要性是很有必要的。此外，你还必须牢牢掌握一些简单和稍微复杂一点的折法，比如内翻折、兔耳形折法和沉降折叠，等等。一旦你真正熟记了这些专业技巧，你就掌握了任何一种难度的折纸作品的折叠方法。

选择折纸

　　尽管大部分的折纸作品可以用任何种类的纸张完成，但是某些作品因为美感或者选择的方法对重量和厚度的要求，就需要一些特殊的材料。很多趣味性的特殊纸张现在都可以在礼品店、文具店或者相关的商店里找到。有时候，你甚至可以在自己的家里发现它们。要尝试不同类型的纸张。

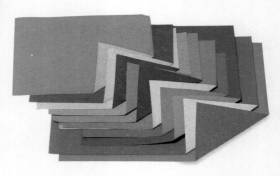

双色纸

　　因为这种纸的正反面具有不同的颜色，给作品提供了色彩变化的可能，所以对折纸家们来说是一种很有用的材料。你可以在裁剪好的专用纸中找到这种纸张，它们通常具有标准的规格，有的甚至成卷出卖。这种被描述为双不褪色的纸张都是被当作艺术材料出售的。

折纸专用纸张

　　这是一种经过提前裁剪的纸张，有很多不同的规格、颜色和类型，不太容易找到。这种纸张非常薄，很容易出现折痕，是一种理想的材料。

有纹理的纸

　　和有图案的纸一样，一些表面上有纹理的纸也可以在折纸上使用。这种纸在折叠动物或者其他生物的时候有特殊的功用，可以增强作品的真实性。比如法国安格尔画纸和水彩画纸都属于这一类纸，它们还是进行湿性折叠的优质材料。

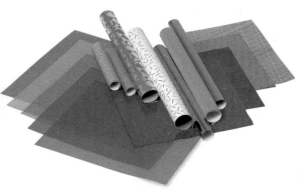

金属纸、箔纸、不透明纸和发光纸

这些纸在折叠过程中较难操作，但是，只要你坚持，最后的结果是很吸引人的。比如在纸上镀上一层箔后，就很容易被弯曲。但是在制作的过程中必须小心，因为一些箔纸、薄塑料纸和不透明纸很难折出折痕，而相反地，折痕还可能会被破坏、擦掉甚至纸可能会被撕裂。

有花纹的纸

我们用这种很漂亮的纸做礼品的包装，因为这种纸通常来说很结实，并且现在这样的纸在你的周围随处可得。你可以在礼品店或者更大的商店里找到乐谱稿纸，螺旋形水印花纹纸，木浆纸和镀了金、银等颜色的纸。

和纸和其他手工用纸

在一些特殊的纸张店里可以买到日本的和纸，这是一种柔软的纤维材料制成的纸。这种纸和其他类似的手工纸可以折很浅的折痕，最后的作品看上去比较轻柔圆润。

在我们身边可以找到的材料

在你出去找一些特殊的很贵的折纸材料之前，先看看你的身边，这也许是一个可以提供很多材料的地方。比如打印纸、餐巾纸、没有用过的墙纸、纸币，甚至杂志和报纸都可以用来做有趣的实用折纸作品。

折纸工具

尽管在折纸上你没有必要买很多的工具，或者学习很多的技巧，但是熟悉一些你可能会用到的工具，比如剪刀、尺子这些普通的家庭用具，还是很有用的。在折纸之前你要确认这些东西你可以随手拿到。

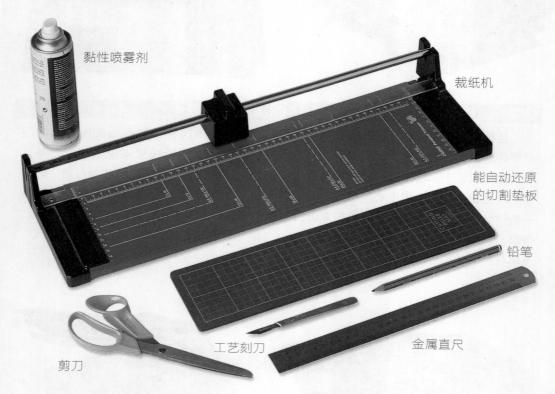

黏性喷雾剂

裁纸机

能自动还原的切割垫板

铅笔

工艺刻刀

金属直尺

剪刀

工具

虽然很多折纸作品的完成只要一张纸和一双手，但是对于那些致力于折纸艺术的折纸家们来说，还需要一些特殊的工具。如上图所示的黏性喷雾剂可以用来粘住两张不同颜色的或者质地粗糙的纸，使用时一定要遵循安全操作的规定。如果你的作品比较有规则，那么裁纸机就是一个很值得使用的工具。这种机器大小和价位都有很多种可供选择，而且在切割很直的边缘上有很大的优势。工艺刻刀是一个很有用的工具，因为它极其锋利的刀片可以很简单地裁割任何厚度的纸张。通常，我们都是把纸放在能自动还原的切割垫板上，同时使用金属直尺和工艺刻刀。这样做不仅可以保护工作台面，避免滑动和一些意外的切割，还能延长刀片的使用寿命。一把锋利的剪刀用起来可以像其他任何的剪切工具一样有效，但是在你使用它之前，一定要在纸张上面用铅笔画上淡淡的精确的剪切线。

使用裁纸机

你可能经常会需要一些特定大小的纸，这时候裁纸机就能发挥作用了。你可以沿着标准的直线摆正纸张，以保证裁纸机做直线的切割。你可以一次裁剪 2～3 张纸，但是一次只裁 1 张，所得的边会比较光滑。

❶把纸的一边放在裁纸机上，使它裁掉部分的边缘和直尺的一边齐平。

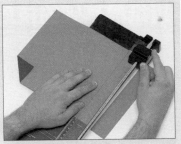

❷用一只手按住纸张，另一只手滑动切割头，注意切痕的精确性。

喷雾粘贴

黏性喷雾剂可以使两张纸粘合在一起，这种技术很有用。利用它可以在纸上贴上一些特殊的东西，也可以提供一个可供选择的不同颜色的结合体。比如把箔纸粘在薄纸上，使之变成一种可以容易成形、塑造、弯曲和雕刻的材料。同时，用这种材料制作而成的作品从外表上看更加逼真。

❶用报纸保护你的工作台面。选择两张纸，把黏性喷雾剂均匀地喷在其中一张纸上。

❷把另一张纸的背面（就是你不希望用到的那一面）小心地贴合在刚才喷了喷雾剂的纸的上面。第 2 张纸最好比第 1 张纸稍微小一点，这样我们就可以看见第 1 张纸很细的边缘。

安全小贴士

在使用喷雾剂的时候要认真阅读说明书，并且严格实行。如果可能的话，最好在室外、戴上面具使用，或者是在一个有很好通风设施的地方，而且保证你的身上做了必要的保护措施。报纸和纸板就是既便宜又有效的保护工具。

❸用手紧紧按住纸面，然后沿着纸面滑动，把两张粘合后的纸上出现的任何皱纹或者折痕弄平。

❹用一把工艺刻刀和一把尺子，或者直接使用裁纸机把多余的边缘修剪掉。

折纸最基础的技巧和方法

你可能很热切地想马上开始折叠出一个作品，但是先读这一部分的内容，有助于你理解制作前的一些标准技巧和基本步骤。接下来你将会学习到正确折纸的方法，从中体会到按步骤照图片说明进行练习是掌握这门艺术的有效途径。你对基础的技巧练得越多，便越能享受到折纸的乐趣。

怎样折叠

第一个秘诀是准备一个光滑平坦的东西作为折纸用的平台，最好这个平台比你要使用的纸张大。第二个秘诀是你在折所有折痕的时候，要从离你远的那一端开始，沿着边缘折到离你近的一端，也就是从底部折到顶端。这样做的好处是可以使折纸变得简单，而且这种方法比起从近到远或者从一边到另一边的方法来，能够更好地控制纸张。

无论在什么情况下，图片总是以自然的角度拍摄的，这样的话你就不必为了看清楚而不断改变纸张的位置。在做折痕的时候，要用力，好出现明显的痕迹。折痕越清晰，最后的作品就会越好。如果你的第1个折纸作品失败的话，请不要气馁，这只是说明你的技术还不够好到可以完成它。如果这个作品到最后没有像说明中看起来那样好，那么就再试一次。

折叠方法

从技术上讲，实际上只有两种折叠的方法：一种是谷形折叠法，这种方法是把一个角、一个边缘或者其中一片纸折到我们可以看见的前部；一种是山形折叠法，就是把纸的一部分折到剩下部分的背面，这样我们就看不见了。其他的折叠法都是这两种方法的变形。

谷形折叠法

❶把一张纸的下边缘任意往上折。用一只手按住一边，另一只手压平折痕。

❷这就是所谓的谷形（也叫向上）折叠法。

山形折叠法

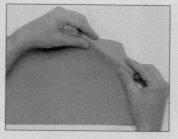

❶在你需要折叠的地方，把纸折向后面，并用拇指和食指慢慢捏，形成折痕。如图，所折叠的地方变成了一个角。

❷把折痕压平。这就是所谓的山形（也叫向后）折叠法。

前折痕

为了使下一步的折叠更加准确，需要通过先折叠然后展开的方式提供一个折好的折痕作为指引。这种折痕就叫作前折痕。

捏折法

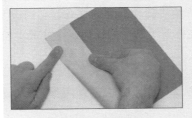

❶有时制作一条折痕，并不想它贯穿整张纸，只想做一个小的记号或者作为下一步的指引，只要在需要折叠的地方施加压力。

❷把这张纸展开，就得到了作为前折痕的一个很小的记号。

分成3段的方法

你经常需要把一张纸精确地分为一样大小的3部分。下面要学习的方法具有一点试验性，所以要耐下心来，仔细折叠。

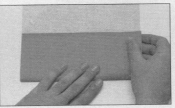

❶拿一张长方形的纸，把较短的一边水平放置。把下面的边缘往上折，折到大概离纸顶端1/3处，使之形成一个轻柔的折痕。

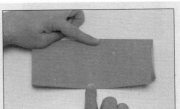

❷把上面的纸往下折，覆盖住第1步形成的部分，可以看见最后的边缘和第1步形成的折痕完全重叠，展开后长方形纸稍长的那边便被分成长度一样的3段。如果不能完全重叠，就再折一次，并在折第1条折痕的时候调整一下。

打褶

这种折法可出现像手风琴外观一样的褶皱。

❶在一张纸上做两次相同的谷形折叠，然后把纸张翻到反面，这时这两条水平的折痕变成了山线。

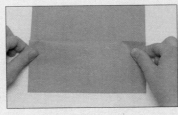

❷用食指和拇指把下面那条折痕捏起来向前折，一直到可以把上面那条折痕覆盖为止，然后压平。

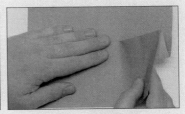

❸完成后的褶纹。

一些特殊的步骤

在折纸过程中有很多特殊的步骤和标准的技巧，它们被无数的作品使用过。一旦掌握了这些基础的程序，你就可以在你着手制作的任何一个作品上应用你的技术和知识。

内翻折

内翻折是运用最普遍的方法，经常会出现在两类基本的折叠中：把一张一端固定的纸往里折或者改变某角度。

把一张纸往里折

❶把一张长方形的纸张对折，向上旋转180°，使你第1步折成的折痕现在成了水平的上边缘。

❷把右竖直边往下折，使它和底边重合。

❸把第2步形成的图形展开。

❹轻轻展开纸张，这时候，你可以在整张纸的两边都看见折痕。其中一个为谷线，另一个为山线。但是我们要求两个都是山形的折痕，所以要把这个谷形的捏成山形的。

❺捏住3条折痕的交点，把第1步时形成的折痕（脊痕）往里推，同时沿着另外2条折痕把这个三角形的纸片往里面折。

❻按平，使两个尖角重合。

❼内翻折完成后的样子。

尖角折叠

❶把一张纸折成风筝基础形（本篇下文会有介绍），然后沿着中心折痕对折。

❷如图做一个任意的谷形折叠，使尖角往下。

❸把第2步展开。

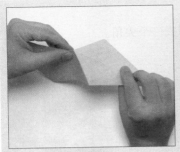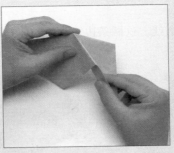

④展开右边接近尖角的部分，可以在纸的正反面都能看见第2步形成的折痕。再一次通过改变谷线的方向使其变成山线，形成一个∨字形的折痕。

⑤把外层内翻折，这时候中心的脊痕向后折。

⑥内翻折完成后的样子。

外翻折

这个步骤和内翻折很相似，但是为了达到角度变换的目的，纸张的内层包在外面。

①在风筝基础形上沿着中心线对折。

②做一个任意的谷形折叠，使尖角部分向下。

③展开。

④展开尖角部分的两片边缘。这时看到和内翻折一样，纸的正反面都有第2步形成的折痕。

⑤在已经存在的∨字形折痕中，把∨字的顶点用指尖往外顶，这时中心线从谷线变成了山线。

⑥把外翻出来的两片纸重合在一起，然后压平。

⑦完成后的外翻折。

兔耳形折法

这需要同时折两个邻近的边线，这两条边线重合的地方形成一个尖角。

❶沿着对角线把一张正方形的纸对折。然后展开。

❷如图旋转纸张，然后按照第1步的方法对折，使角与角重合，形成了一条和原来折痕垂直的折痕。然后展开。

❸把左下的斜边缘往上折，使其和水平的那条中心折痕对齐。

❹展开，然后在右下的边缘重复第3步。

❺展开，同时沿着第3步和第4步的折痕重新折叠，这时候在中心折痕的地方会有一个交点。

❻沿着竖直的对角线，从离你近的地方开始压平，形成一个尖角。这个新形成的尖角会向上凸起。

❼完成后的兔耳形。

压扁折法

这个方法通过压扁一部分纸来形成一种新的形状。

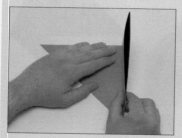 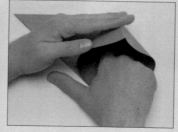 

❶把一张正方形的纸沿对角线对折再对折。展开后一步的折叠，如图把纸的右边部分向上折起。

❷用一只手把竖起来部分的两层纸撑开，另一只手把它压平，使竖起部分的脊痕和下面的折痕重合。

❸压扁折法完成后的样子。

压褶

这个方法可以在折纸作品中加入三维和雕塑的效果。

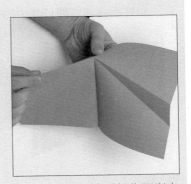

❶ 把一张长方形的纸对折，使短的两边重合。旋转纸张，使对折后短的一边置于水平位置。然后做一个任意的谷形折叠，要求稍微偏离对折线，这个时候，折好部分的位置稍向左斜。

❷ 把上片往下翻，再做一条折痕。像你在图上所见，这个折痕的起点应该在右侧与前一条折痕同一点的位置上，至于角度大小就看你觉得多大最舒服了。

❸ 全部展开。这时候你可以在纸的正反面都看见第1步和第2步折成的折痕。无论你打算做一个内部的褶皱还是外部的褶皱（可以对照最后的结果），你都可以在对应的内翻折和外翻折上使用相同的方法：中心线一边的山线和谷线与另一边的山线和谷线位于相对的位置。我们需要把这两对折痕要么都转变成谷线，要么都转化成山线。因此，你需要把一边的两条折痕的方向都改一下，使它们和另一边相同。

❹ 第3步完成后将看到图中的样子，从第1步开始的已有折痕都显现出来，两手各把住两边。

❺ 再次对折，握住左边部分，把左边部分顺着前面完成的折痕，往左边推，两边会形成同样的形状。如果你在做第3步的时候，右边较远的那条折痕是山线，折出来的就是外褶皱。反之，为内褶皱。

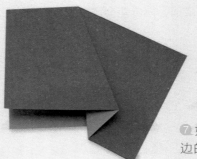

❻ 完成后的外褶皱。

❼ 如果在第3步的时候，右边的较远的那条折痕是谷线，最后完成的则是内褶皱。

旋转歪折

能够明白和掌握折纸中的这个方法需要很长时间。

❶把一张正方形纸沿对角线对折，形成一个斜的前折痕。然后展开，旋转后如图放置。把左下的角往上折，使底边和对角线重合。

❷把右下的角以任意角度往上折。

❸展开第 2 步的折叠。把左边的部分向右折，形成一个和上面的边垂直的折痕，并且这个折痕应该和第 2 步完成的折痕在顶端相遇。

❹展开第 3 步的折叠。

❺现在保持第 1 步完成的三角形图形，从下面重新折叠第 2 步形成的折痕，这一步使竖直线右边的上面一层的纸从本来平整状态成为竖起状态。

❻慢慢顺着那条竖直的谷线把竖起部分往左压。这时候观察这张纸的中间部分，就好像是从原来的地方旋转歪折了一样。然后压平，这就是完成后的旋转歪折样式。

沉降折叠

这个折叠要把一个闭合的尖端沉到作品里面去。在你可以完美地表现这个作品之前，你可能会需要很多的练习。

❶准备一个水雷基础形（本篇下文会有介绍）。

❷把顶角以任意的角度往下折。

❸展开第 2 步的折叠，然后把水雷基础形也轻轻展开。

❹在这张纸的中间你可以找到第2步的折痕形成的小正方形。把这个正方形的4条边都捏成山线——其中有一些已经是山线了。

❺沿着现有的折痕把中间的正方形往里推，小心地再次折成水雷基础形。

❻把纸压平，保证水雷基础形的左边有两层，右边也有两层。现在中间的正方形已经在整个作品的内部了。这就是完成后的沉降折叠。

湿性折叠

用湿纸来创作折纸作品比起用干纸来有更大的折叠和塑形余地。刚开始的时候，你可以选做一些比较简单的，比如说不需要弄尖一个角，不需要很深的折痕。你在这个练习中使用的正方形纸越大，可以选择的厚度也越大。

❶用潮湿的海绵或者吸水布小心地擦拭纸张的正反面，均匀地使纸变潮湿。注意关键是潮湿，不是湿。可能只有经验才能告诉你这个纸到底需要多湿。如果纸张弄湿后变得很光亮，让它稍微干一下再用来折叠。

❷一旦你折了一个折痕，用你手指的温度把这部分烘干，这样就能保持形状。

❸按要求继续折叠。折纸大师罗伯特·让推荐使用胶带来加固纸张的薄弱部分（比如有很多折痕交会的地方）。这个加固的胶带可以在纸张干了以后拿掉。

❹既然湿性折叠的目的是使作品具有生气，那么就应该尽可能增加一些三维的效果，把那些不重要的折痕减到最少。最好的结果是你作品中的大部分折叠都是立体的。

❺用湿性折叠法折叠出来的作品在触感和外观上都是其他方法难以媲美的。

几种基础形折叠

万丈高楼平地起，打好基础是关键。做任何事情都需要从基础做起，折纸也一样。如何才能将一张简单的纸折叠成你想要的模样，问题的关键就是你要掌握一定的技巧，还要训练你的基本功，掌握几种简单的基础方法，对你有着重要的意义。仔细看每一张图片和文字说明，不要有杂念，直到你可以清楚地了解你真正需要做的东西。这样，经过更多时间的折叠，你完全可以不看说明文字就能折出本书的很多作品。

用风筝基础形和水雷基础形做成的别在纽扣上的花

风筝基础形

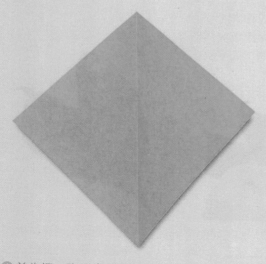

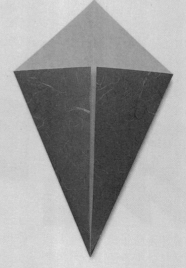

❶ 首先把一张正方形的纸沿对角线对折，使角与角重合。展开，旋转纸张，使刚才你折的折痕垂直你身体所在的平面。如图所示，纸张呈现为一个菱形，折痕从上端一直贯穿到下端。

❷ 把下面两侧的边缘往中间折，并使它们和第1步所形成的竖直折痕重叠。图为完成后的风筝基础形。

薄饼卷基础形

薄饼卷是一种乌克兰的传统食品，是用奶酪或者其他东西做馅儿的薄煎饼。因为这种折法需要把所有的角都折到中间，戈什·里格曼和 20 世纪 50 年代的其他折纸家们就用薄饼卷这个名字来专指这种折法。这里展示达到这种效果的两种主要方法。其中第 2 种方法比较适合用来教小孩子、盲人和只有部分视力的人，因为它远比在一张纸中把 4 个角折到中间的方法更容易达到目的。

方法一：

❶ 把一张正方形的纸沿对角线对折，之后展开，旋转这张纸，使刚才折的那个折痕和你身体所在的平面垂直（也就是使它从上端一直贯穿到下端），然后再从下到上对折。这样一来，就在所折的第 1 条折痕上加上一条与它相交的折痕。

❷ 按顺序小心地把 4 个角中的每一个角折到中间，也就是使角的顶端和第 1 步中的两条折痕相交的点重合。在新形成的图形里应该均匀地边靠边，而没有重叠。图为完成后的薄饼卷基础形。

方法二：

❶ 首先使纸张中有主要颜色的一面朝上。在工作台面上把它裁剪成一张正方形纸。把纸从下往上对折，使下边缘和上边缘重合，然后旋转 180°，这样一来，你第 1 步折成的折痕现在成了水平的上边缘。

❷ 把外部的两个角往上折，注意只折单层，使本来的竖直边缘和水平边缘重合。

❸ 把纸翻过来，在纸的另一面重复第 2 步。

❹ 用两只手分别抓住第 3 步形成的两个独立的角，把它们拉开。

❺ 把最后的作品摊平放在工作台上，这时候所看见的图为完成后的薄饼卷基础形。

鱼基础形

❶首先折一个风筝基础形。翻转风筝基础形。在做鱼基础形的时候要保证对角折叠后形成的角的尖度。

❷对折，使下面的尖角向上和顶角重合。

❸翻转，调整位置至如图。

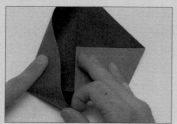  

❹在下半部分有两个独立的片状的纸，压住右半个，将没有被压住的部分的拐角往你的方向拉，把本来叠合在下面的纸打开。再把左边外侧的边缘压向内侧压平。

❺第5步完成后的图形。

❻在这张纸的右边部分重复第5步的折法。图为完成后的鱼基础形。

水雷基础形

  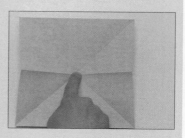

❶把一张正方形的纸沿对角线对折，使相对的两个角重合。展开图形，调整位置使第1条折痕垂直你身体所在的平面。再一次沿对角线对折，增加一条和前一条折痕垂直的折痕。再次展开。

❷把纸张翻转过来，对折，使边与边重合。然后展开，翻回到原来那面。在这里相互垂直相交的两条折痕以谷线出现，剩下的那条折痕则是山线，调整纸张使这条折痕置于水平。

❸用一根手指按住纸张的中心，这时候所有的折痕会微微地弯曲，在中心的地方出现一个凹面。

④用手指捏住外侧竖直的两个面，注意，要捏在第2步形成的折痕的稍下方。

⑤小心地把外侧的两个面往里折，使边和边在中间重合。压平后，可以看到往里折的部分刚好覆盖在纸张下面的三角形区域上。

⑥把上面的纸张往下压平，这样一来所有的折痕都得到了应用，形成了一个金字塔的模型。这就是完成后的水雷基础形。

初步基础形

①准备一张正方形的纸张，把它有主要颜色的一面向上，沿对角线对折，展开，然后沿另一条对角线对折。

②把纸旋转一下，如图放置，其中两条平行的边长呈水平放置。现在再做两次对折，分别使外侧的两个边重合，每做一次展开一次。

③重新折叠在第2步时折成的一条折痕。如图所示，用拇指和其他手指捏住两边，把手指放在这条折痕的中间部分。

④做一个向上的画圆弧的动作，使你所有的手指靠在一起，这样本来在外面的4个角在顶端重合。

⑤把这个作品压平；把本来在上面突出的那一片纸向一边下压，把本来在下面的那一片纸往另一边折。这样的话，就使左右两边都有两片。

⑥完成后的初步基础形。

小鸟基础形

❶先折一个初步基础形，然后使没有封口的那一端，也就是未做折叠的边形成的那端指向你。把上面一层纸的两个下边沿往里折，使边缘和中间的竖直折痕对齐。

❷把上面的角（封闭的那一端）往下折，用力做一条明显的折痕。

❸展开第1步和第2步的折叠，这样你又回到了原来的基础形。

 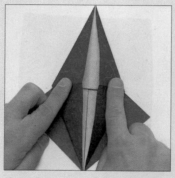 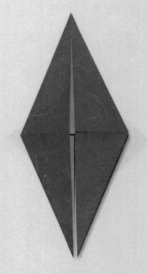

❹利用第2步形成的折痕，把最上面的单层纸往上翻。这样纸就被打开了，你需要把这个角在你的工作台面上压平。

❺现在把两边往里面压平，使边缘和中间的竖直折痕对齐。在这里，第1步和第2步的折法在其他的作品中也经常用到。

❻反面重复第1～5步的折法。如图为完成后的小鸟基础形。

青蛙基础形

❶先折一个初步基础形，然后把没有封口的那一端，也就是未做折叠的边形成的那端指向你。

❷以中间竖直的折痕为轴，使所有形成的大三角形都可以绕着它旋转。把右边的一个大三角形纸片往上翻，这样一来相对于其余的部分它就向上凸出。

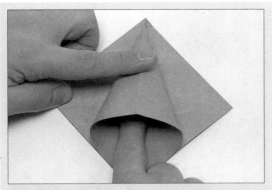

❸用一根手指插进凸起部分，使它的两层纸相互分开。用另外一只手把纸往下压，使中间凸起来的折痕和中心线重合。

❹图为第 3 步完成后的形状。

❺现在你可以在纸张的上面发现一个类似于风筝基础形的形状，再次使用中心轴，把这个风筝基础形的右边部分往左翻。

❻从右边上翻第 2 片大三角形，然后重复第3 和第 4 步。另外的两片三角形也用同样的方法折叠。

❼在第 6 步折成形状的基础上，把下边沿的两片纸往里折，使边缘和中心线重合。

❽展开第 7 步的折叠。

⑨现在我们将要做一个类似于小鸟基础形的折叠。小心地顺着那条横着的原始边往上翻，只翻单层纸，这时候就能折出一条谷线，并且这条谷线把第7步形成的两条折痕的顶端连在一起。你需要把这条谷线压平，这样就能把左右两边的边缘往中心线的方向折叠并和它重合。

⑩在整个折纸过程中要小心，使纸张平坦均匀地靠在中心线两边，从而形成一个新的尖角。

⑪图为其中一面在完成第10步后的形状。现在绕着中间的竖直轴翻动其他几层纸，可以看见还有相似的另外3个面，请在每一面上重复第7～10步的折叠。

⑫完成后的青蛙基础形。

这一部分介绍了一些动物、植物的折纸，大多是简单的、固定风格的作品，还介绍了一些稍微复杂的实用作品。这些作品给我们提供了一个自由折叠和塑造的机会。不要完全精确地按照说明来折叠，试着在设计中加入自己的东西，比如可以尝试改变作品的表情、姿势或者大小等等。

和平鸽

　　我们都很喜欢鸽子，不仅仅是因为它的羽毛洁白，身姿轻盈美丽，还因为它象征着和平和友谊，让我们对它深爱有加。想和鸽子亲密接触吗？不难，折叠一只就一切 OK 了，想要什么颜色就有什么颜色！折叠和平鸽要用方形的既脆又薄的纸张作材料，一步一步细致地去折叠，相信一件简单又美妙的作品会在你的手中诞生。

❶ 把正面朝下，沿对角线对折。再对折，使两个尖角重合。如图调整纸张位置，使主要的折痕边缘置于顶端的水平线位置，而两个分开的尖角置于下端。

❷ 把下面单个尖角往上折，让它与右边的角重合。

❸ 在背面重复相同的操作。

❹ 把新形成的角往上折，使折线和水平边缘平行。注意，只需要折单层纸。

❺ 展开第 4 步的折叠。然后借用在第 4 步形成的折痕内翻折。

❻ 在背面重复第 5 步的操作。

 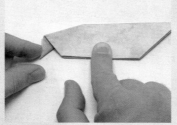 

⑦在左边封闭的尖角上做一个向下的谷形折叠。这个折叠的角度虽然不是很重要，但最好能使超出的部分是一个小的直角三角形。这个三角形将用来做鸽子的头部。

⑧展开第7步的折叠，利用前一步形成的折痕进行内翻折。

⑨把右边单层的尖角往上折，如图折到一个较自然的位置。这样就形成了一侧的翅膀。

⑩在背面重复同样的操作。然后把右边的三角形，也就是尾部翻起来，沿着翅膀的边缘用力做一条折痕。再次翻起来，使它垂直于整个作品的平面。

⑪对称地压平第10步中被翻起来的尖角。这时会形成一个四边形。

⑫在这个四边形上沿着中心的脊痕做一个山形折叠，使右边部分往后，这样就再次使这个作品达到了左右平衡。

纸鹤

有一个古老的传说，说用心折的一千只纸鹤能给爱的人带来幸福与好运。现在就动手折叠美丽的纸鹤吧，将我们的祝福折叠进每一个飘飘欲飞的纸鹤里。色彩鲜亮的脆质纸张是折叠纸鹤最理想的材料。

❸在反面重复第2步的折叠。

❶先折一个小鸟基础形，调整纸张位置，使有两个独立尖角的一端指向你。

❷把上面一层的两个下边往里折，使边缘和中间的竖直线对齐。

❹将两个尖角内翻折，如图。

❺内翻折其中的一个尖角，用来形成鹤的头部。

❻抓住两只翅膀，小心地把它们拉开，使中心的尖角变平。如图，纸鹤的身体会有稍微的弯曲。

蝴 蝶

蝴蝶从古到今一直受到人们的喜爱，诗人把蝴蝶比喻成大自然的舞者，被誉为和平、幸福和爱情忠贞的象征。正是多了这些象征意义，人们对它更增添了丰富的感情色彩。选择一张薄脆的方形纸，开始你的蝴蝶盛会吧！

❶先折一个水雷基础形。调整位置，使底边朝上。

❷把下面的角往上折，拉到顶端的边的位置。

❸如图，在下面两个角上做很小的谷形折叠。

❹展开第 3 步。

❺小心地重新折叠第 3 步，但要注意的是这次只折上层纸，所以折的过程中你需要把第 2 步形成的三角形纸片轻轻打开。

❻图为第 5 步完成的样子。

⑦把水雷基础形最上层的两片纸往下折，使它们和竖直的中心线重合。这就形成了蝴蝶的后翅。

⑧做一个山形折叠，使作品对折，这样蝴蝶的翅膀就两两重合了。如图调整纸张方向，使这一步折的山线位于顶端位置，而翅膀中较大的前翅位于右边。

⑩ 使蝴蝶的翅膀自然地张开，图为最后完成的蝴蝶。

⑨用手捏住前翅的上层，往上翻折，所折的折痕和上边缘应该有一个微小的角度。同样，在背面重复一样的折叠。通过这两次的折叠，中间会形成一个很明显的"∨"字形状，这时候，蝴蝶的整个身体中间就出现了一个背脊。

兔 子

你需要一张薄的方形纸，最好是双色的，通过在内部折叠的白色纸张，可以形成一条酷似绒毛的尾巴。我们可以发现，纸张反面的颜色通常可以使一些细节更加完美，比如在动物的身上或者脸上使反面纸的颜色显露出来。

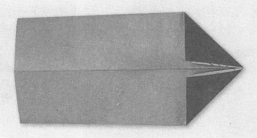

① 先把纸张白色那一面朝上，然后对折，使底边和顶边重合，形成第 1 条前折痕。再把相对的两条边折向这条水平的中间折痕。

② 翻到反面，把右边的两个角往中间折，使它们的一边和中心的折痕重合。

③ 旋转 90°，然后再翻到原来的那一面，把尖角往上折出一条连接第 2 步的两个三角形底边的折痕。

④ 用一只手捏住左边的三角形，用另外一只手捏住右边的三角形，然后把左边的往外拉，直到最后能被压平形成一个尖角。

⑤ 图为第 4 步完成后的形状。

6 在左边重复第 4 步。

7 把底边往上做对折。

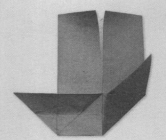

8 展开第 7 步，然后在每一个尖角上做一个 45°的折痕。

9 展开第 8 步的折叠。

10 分别用两只手抓住两个尖角，把它们往第 8 步所示的方向折，同时如图折中间部分。当这些折叠完成之后，我们可以看到尖角被折成了原来的一半大小。然后压平。

11 第 10 步完成后的形状。

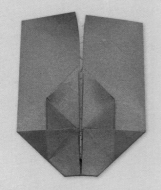

12 在下面的尖角上做一个山形折叠，使尖端折到背面，这将会形成兔子的鼻子。

13 做一个山形折叠，最大限度地折到头部的背面，这条新的折痕和头部的边相齐。

14 沿着竖直的中间折痕做山形折叠，使整个作品对折。然后如图放置作品。

⑮ 左手捏住兔子的头部，右手捏住后面部分，并且把后脊背往下压，使它本来在里面的部分翻到外面，然后如图做一个内翻折。

⑯ 把整个作品压平。

⑰ 利用旋转歪折法使耳朵变窄：把兔耳底部的小三角形打开，然后用手指抵着中间的脊痕往前推，把耳朵旋转到如图位置。

⑱ 完成第 17 步后的形状。

⑲ 在头部的后面，有两个折叠边缘交叠在一起形成的口袋，将其轻轻打开，把第 17 步旋转而得的小三角形插进去，然后压平。在另一个耳朵上重复这些操作。

⑳ 在尾部最外层的纸上做一个山形折叠，在另一面也做一个。这时候，你就可以看见用来做尾巴的颜色了。

㉑ 现在只要再做两次内翻折就可以完成尾巴了：第1次的内翻折要求折痕和第20步形成的两条边平齐。

㉒ 第2次的内翻折则要求再把尾巴折出来，能够被看见，如图所示。

㉓ 图为第21和第22步完成后的形状。

 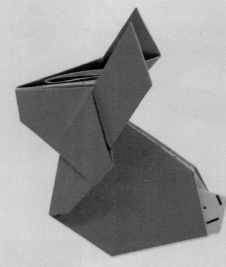

㉔ 在兔子身体的下部分纸上做山形折叠，使兔子最后能够依靠这个折痕站立起来。

㉕ 在背面重复第24步的折叠。然后稍微打开兔子的身体，如图所示，兔子很愉快地端坐着。

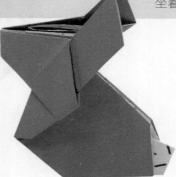

大 象

这里介绍的折叠大象方法不是特别复杂，但仍具有引人入胜的效果。硬的灰色纸最适合这个作品，而且要求规格较大，如果你是第一次尝试，推荐使用边长为 21 厘米的正方形纸。

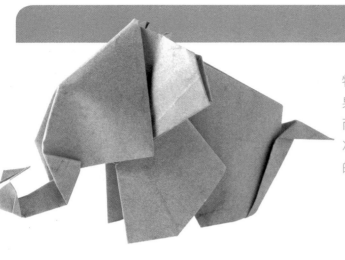

❶先做一个鱼基础形，使主要颜色位于这个基础形的外部。

❷把右边的两个尖角打开，使整个作品延伸为一个菱形。调整位置，使两个小三角形指向左边，如图所示。

❸沿着水平的中心折痕做山形对折，把下半部分折到后面。

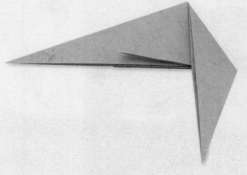

❹把右角往下折，形成一条 45°的折痕，也就是使本来的右上边缘和小三角形的竖直边重合。

 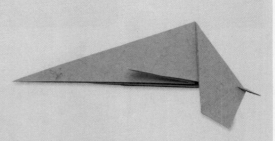

❺其他位置保持不变，把尖角往回折，并使它稍微高出于上一步形成的在下面的角。这部分将会形成后腿、臀部和尾巴。

❻把右边超出部分的尖角再往下折，形成尾巴。

❼展开第 4～6 步，利用所有相关的折痕做外翻折。

❽图为第 7 步完成后的形状。

❾利用已经存在的轴，把正反两面的小三角形旋转到右边。

❿在左边的角上，也就是剩下的那个大的角上做一个谷形折叠，使尖角尽可能地自然往上，以便使下面的那个角大约位于形成的角的中间位置。

⓫如图把纸张翻到反面，可以看见第 10 步形成的折痕的位置。

⓬展开第 10 步的折叠。

⑬ 用这条折痕做一个内翻折。

⑭ 在这个大尖角上做一个谷形折叠，使新形成的折痕和水平的上边缘处在同一水平线上。

⑮ 展开第 14 步，然后利用这条折痕做一个内翻折，把尖角往下折。

⑯ 图为第 15 步完成后的形状。

⑰ 把靠近尖角的那个角往上折，使最左边的一条边和上边缘重合。在背面重复一样的折叠。

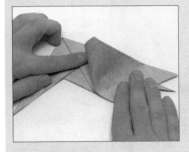

⑱ 展开第 17 步的折叠，然后利用这条折痕做内翻折。在这个过程中你需要把纸张往里推，一直推到不能再推为止。这个动作将形成一条新的山线，而且这条山线和本来的折痕组成了一个新的小三角形。

⑲ 图为第 18 步完成后的形状。其中新形成的部分要用来折大象的耳朵。

⑳ 把指向右边的大三角形纸片往下折，并且使本来的上边缘和第 18 步折成的山线重合。这将形成大象的前腿。

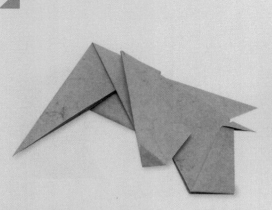

㉑ 如图在第 20 步往下折的尖端上做一个谷形折叠。

㉒ 展开第 21 步的折叠。然后打开前腿部分，利用新的前折痕把第 21 步形成的小三角形内翻折到里面。

㉓ 图为第 22 步完成后的形状。

㉔ 如图利用自然存在的轴把耳朵旋转到右边。

㉕ 在背面重复第 17 ~ 24 步的折叠。

㉖ 把位于左边的大纸片（头部）的上层往下翻，即把头部打开压平。然后做一个山形折叠把头部的另外半边往后翻。注意在做这个折叠的时候要小心，不要用力过大，以防止头部的脊痕弄乱，甚至弄破。

㉗ 在头部的尖角上做一个谷形折叠，使它以一定的角度往下翻，这部分将会形成象鼻。

㉘ 展开第 27 步的折叠。

㉙ 把象鼻内翻折。

㉚ 在象鼻上通过一个谷形折叠，使它的外边缘和内边缘重合。注意这条新的折痕应该一直延伸到象鼻的顶端。用同样的方法处理背面。

㉛ 在尖角上再用适当的角度做 2～3 次的翻折，这样象鼻就完成了。

㉜ 在耳朵上做一个谷形折叠，使它指向前面。

㉝ 展开，再把耳朵稍微打开，把小三角形纸片内翻折。在另一边的耳朵上重复同样的折叠。

㉞ 图为第 33 步完成后的形状。

㉟ 把后腿部分往上翻，使新形成的折痕和前腿的底边平齐。

㊱ 展开第 35 步的折叠，把大象倒过来，然后小心地打开大象的后腿，这样你就可以利用在第 35 步完成的折痕内翻折后腿的底边。

㊲ 如图所示为第 36 步的过程。

㊳ 把最外面的那个角往大象的身体内部推（因为这部分的纸层实在是太厚了，很难再做一个预先的谷形折叠，所以要做的这个内翻折可能较费事）。

㊴ 图为第 38 步的过程。

㊵ 稍微打开大象的前腿和后腿，使大象可以自然站立。

会跳的青蛙

硬纸是折青蛙的优质材料，一般的纸则效果不好。因为你需要在青蛙的后腿上做一个类似于弹簧的部分。选择一张长方形的硬纸，大小为 13 厘米 ×7.5 厘米最佳，颜色最好是绿色的。

❶把长方形中短的一边置于水平位置。然后在长方形的末端折一个水雷基础形。

❷把上层两个尖角都往上往外折，使完成之后的两条折痕都是从中心线开始。但是青蛙的头部和脚之间有一定的距离。

❸把竖直的两条外边都折向中间，使它们和中心线重合，同时也和青蛙两个脚相交形成的尖角碰在一起。

❹把底边尽可能地往上折。

❺把现在的顶边再往回折，使顶边和上一步完成的折痕重合，这就形成了青蛙类似于弹簧的后腿。

❻图为完成后的青蛙形状。把食指放在青蛙的背上，边下压边在青蛙的屁股上滑动，青蛙就会跳起来。

金鱼

由于在尾巴的折叠上用了一个很聪明的办法，从而使得金鱼成为一个拥有真实特征的作品。你需要准备一张方形的纸张，最好在主要颜色的那一面有纹理。开始的时候朝上面的颜色就是最后完成时眼睛的颜色。

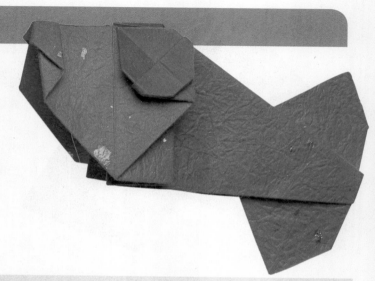

❶做一个底边和顶边重合的对折，展开，形成一条水平的中心折痕。然后把底边和顶边折到中心线的位置，再把左边的两个角往里折，使它们的边和中心线重合。

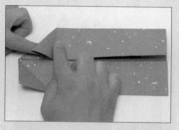

❷展开两个角，沿着折痕对它们进行内翻折。

❸图为第2步完成后的形状。

❹把右边的两个角往里折，使它们的边和中心线重合。

❺如图把右边新形成的角往左折。你只需用力捏出接近下边缘的部分折痕。这会在下边缘确定一个点，而这个点在后面会被使用到。

❻同理，把右边的角往左折，使它和左上的钝角重合，但是这次你只需要捏出接近上边缘的部分折痕。

7 把左边整体往右折，使两个钝角顶点分别与第 5 和第 6 步形成的两个点重合。做一条竖直的谷线。

8 再把这个尖角往回折，如图做一个褶，使左边小三角形的两个角的顶点与上一步形成的谷线两端重合。

9 把位于左边的尖角打开（上层沿着旋转轴往右折）。然后展开第 4 步完成的右端折叠。

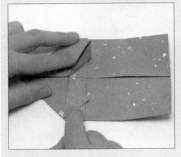

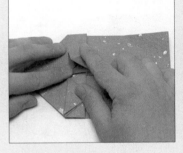

10 如图把两个分开的尖角往外折，能折到什么程度就折到什么程度。

11 利用每个尖角的脊痕，把两个尖角都翻起，然后压平。

12 图为第 11 步完成后的形状。

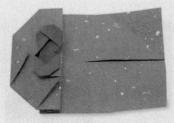

13 如图把里面的角往外翻，能翻到什么程度就翻到什么程度，从而露出眼睛的颜色。

14 在上面那只眼睛的左上、右上和右下的地方做很小的山形折叠。然后在下面的眼睛的对应位置上做一样的处理。

15 把左边的尖角往右折，如图折线与垂直线平行。

⑯把这个尖角再往回折，使尖角的1/3在上一步所做折痕的外面。

⑰沿着尖角下面的折痕做一个山形折叠，使尖角的顶端折到后面。

⑱沿着中间的水平折痕对折，使本来的上半部分折到后面，这样一来金鱼的眼睛就在身体两侧了。

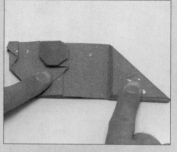

⑲把右端所有纸层往下翻，使原来的竖直边和底边重合，用力做一条斜的折痕。

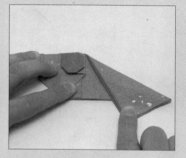

⑳展开第19步的折叠。再把右端所有的纸层往下翻，和上步不一样的是这次要求折痕连接着眼睛和右下角。

㉑展开第20步的折叠。然后利用新完成的折痕做内翻折。

㉒把尾巴部分打开，沿着第19步完成的折痕折叠分开的两个内角。

㉓图为第22步完成后的形状。

㉔在金鱼尾部的上层做一个山形折叠——大约在这个尾巴的一半位置（也就是贯穿整个尾巴的竖直中心线所在的位置）。

㉕在尾巴的另一个尖端重复同样的操作。你会发现这次是一个谷形的折叠。

㉖展开第 24 步的折叠，然后把同一边的尾巴（就是第 21 ~ 22 步）也完全展开。

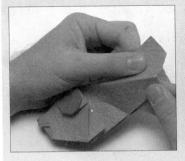

㉗重新折叠第 24 步，再折叠第 21 ~ 22 步（这样做只是改变了完成最后一步的顺序而已）。

㉘在折第 27 步的过程中注意在左尾巴的外上部分中有一个褶。

㉙第 25 步往里折的那部分中有一个很窄小的口袋，在闭合和压平作品的时候，可以把第 28 步形成的褶皱插进去。这样你就可以把金鱼的尾部固定了。

㉚图为完成后的金鱼。

孔雀

也许，孔雀是这本书中最复杂的作品之一。你第一次尝试的时候一定要折得十分小心，最好使用长宽比例为 2：1 的长方形脆纸。这个作品是一个真正的经典作品，用纸钞也能折出美妙的效果。和这本书中大部分折纸不一样的是，孔雀的很多折叠都依赖于你的主观能动性。你对折叠方法的理解以及一些专门技巧的掌握都可能影响最后的效果。在你自信完全掌握所有的折叠方法之前，请不要尝试这个作品。

❶把你选择作为孔雀颜色的一面朝下。如图调整纸张位置，使长边置于水平。然后在两个方向上分别对折，展开，形成有中心点的前折痕。

❷把左边的两个外角折到中心线的位置。

❸展开，然后在同一边折一个水雷基础形。

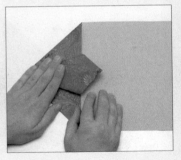

④把离你远的那个尖角拉起，使它垂直于作品的其余部分。

⑤把这个尖角对称地压平。

⑥沿中心线把这个被压平的部分对折，使上半部分覆盖在下半部分上。

⑦如图把上面一层短的一边往上折，使它和水平的折痕重合，这样反面的颜色就看不见了。

⑧把整个被压平的部分顺着轴往上旋转，然后在背面重复第 7 步的操作。

⑨展开到第 5 步。注意观察你已经折好的折痕。

⑩现在把纸片往外翻：先用手捏住压平部分里面的尖角，然后把它往外折到左边，使这个尖角和左边的尖角重合。在这之前你需要折一条折痕作为前导，这条折痕与第 7 ~ 8 步的两条折痕的端点相接。

⑪如图所示，在尖角翻过来之后，把边往内压，使它们和水平的中间折痕重合，最后压平。

⑫把翻过去的尖角顺着中间竖直的轴翻回到右边。

⑬把压平部分的下半部往上对折。

⑭在下面的大三角形上重复第 4 ～ 13 步。

⑮用手分别捏住两个尖角（腿部），把它们分开，如图慢慢往外拉。

⑯在中间的小三角形上做山形折叠，把它折到作品里面。

⑰现在再把拉开的尖角恢复到原来的位置，压平。

⑱在两个尖角上做谷形折叠，把它们往外折，为以后的折叠做准备。

⑲如图所示用上一步完成的折痕做内翻折。

⑳把腿部的单层纸往上翻，让它们呈现风筝基础形的形状。

㉑ 在每一条腿上做谷形折叠，使外边都和中心折痕重合，腿因此变窄。

㉒ 再把腿部的上半部分对折到下面。

㉓ 把腿部稍稍竖起，把余下的两条最外面的边往竖直中心线的方向折，使它们和中心线重合，注意要确保它们在腿部下面。

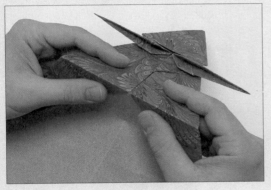 

㉔ 第23步后两个角在中心线相遇，在这个相遇的点上捏出一条水平的山线，然后展开。

㉕ 图为第24步完成后的形状。这是尾部的第1次折叠。

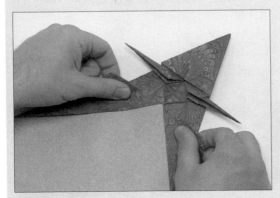 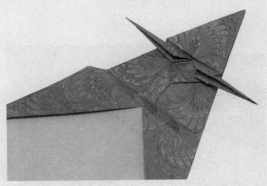

㉖ 现在捏住第24步形成的山线，把它往前推，直到和孔雀腿的底部尖角相遇，用力往下压，折出另一条水平的折痕。

㉗ 图为第26步展开后的形状。

㉘ 把底边往上折，使它和第 26 步的折痕重合。

㉙ 展开，然后把底边再往上折，使它和第 28 步完成的折痕重合。这里我们想要达到的是一个类似于手风琴外形的效果；用这样的方法在纸上打褶，从而呈现孔雀尾部的特征。这就需要我们通过在作品底部增加一系列的山线和谷线来实现。

㉚ 把在第 26 步形成的谷线折成山线，然后把这条折痕折到第 28 步完成的折痕上，把之间的距离一分为二。

㉛ 再增加一些分隔，最终使纸上有 8 条大小相同的褶皱，如图所示。

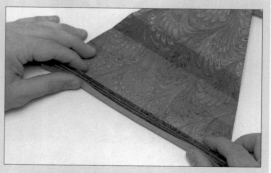

㉜ 把纸张翻到反面，在已经存在的折痕之间再增加一条水平的折痕，使褶皱变成 16 条。

㉝ 把所有的褶皱叠在一起，这时我们可以看见第 1 条折痕是一条谷线。

㉞ 图为叠在一起的褶皱。

㉟ 把底边上最长的一个褶皱展开。

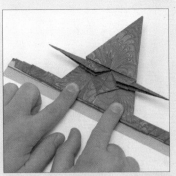

㊱ 翻转过来。

㊲ 把身体左上边缘往下折，使这个边缘和褶皱的水平线重合。展开后，在另外一边重复一样的操作。下一步我们就要在孔雀的身体上做一个兔耳形的折叠了。

㊳ 继续压住褶皱部分，利用第37步完成的两条折痕把孔雀的身体折成一个兔耳形的尖角。

㊴ 同时，在尾部做一个山形对折，把褶皱的两个底边重合在一起。

㊵ 把作品倒过来，你可以发现在第35步展开的褶皱现在碰在一起了。在没有胶水的情况下，如图在这个长条的两个外角上做一个折叠。

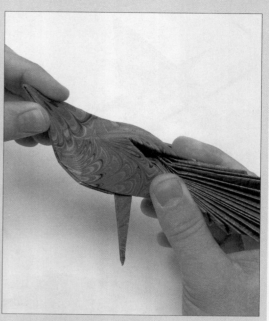

④ 在整个长条上做一个折叠，使它插入到旁边的褶皱中。然后把所有的褶皱叠在一起，用力压，使尾巴能够保持锁住的状态。

㊷ 如图在孔雀身体的上部做一个外翻折。

㊸ 图为第 42 步完成后的形状。

㊹ 如图把颈部的纸往前翻，一边旋转一边压平，从而形成颈部和胸部。

45 在颈部增加一个外翻折，形成头部。然后再做一个外翻，形成嘴。

46 在腿上内翻，使它指向后面。

47 然后再通过一个内翻折，使腿重新指向前方，从而区分大腿和小腿。

48 再做一个翻折形成脚。

49 如图为完成后的孔雀。现在尾巴和你的折叠台面平行。

50 如果你把尾巴从后面往上举，就可以看见如图所示的效果。

百合花

很多人喜欢百合花，为它的纯洁高雅，也为它的妩媚动人，有人把百合比喻成纯洁无瑕的少女，真是恰当不过了。像下面这样折出来的百合花没有茎、叶或者任何其他修饰，但是它那卷曲着的花瓣使这个作品特别妩媚动人。如果你愿意，可以用铅笔来完成花瓣的卷曲。

❶ 先折一个青蛙基础形，并使开口的尖端置于顶部。

❷ 把位于中间的 4 个小三角形往上翻，使它们的尖角指向开口的尖端。

❸ 再次旋转纸片，让平滑的一面朝上。

❹ 从封闭的一端开始，把单层纸往里折，使它的边缘和中心线对齐。其他几面上相同。

❺ 图为第 4 步完成后的形状。

❻ 把相对的两片花瓣拉开，展开整个作品。

❼ 把另外的两片花瓣拉开。可以用手指使4个花瓣弯曲，也可以用铅笔来做出弯曲的效果。

草莓

不要以为草莓只能在地上结出来，你的手上也能"结出"鲜艳的草莓来，不信你试试看。选择一张一面是红色一面是绿色的纸，一步步跟着做，当大功告成时通过绿叶处的小口向里面吹气，一个令你惊讶的效果就出来了。你会深信它就是一个真草莓，而不是用纸做的。

❶先从一个红色的初步基础形开始，把4个大扇片都压成青蛙基础形最后的样子。

❷以竖直的脊痕作为轴，把右边的一片往左边折，出现一张只有一种颜色的平面。

❸把下边缘如图所示折到竖直中心线上。

❹把下面的那个角尽可能地往上折，注意只折单层纸。

❺在剩下的3个平面上重复第3～4步的操作。为了完成这一步，你可以先在背面重复第2步的操作，然后依次旋转纸片。

⑥第5步完成后再翻折纸片，使顶端是同一颜色的平面。

⑦把纸片上短的底边往上折，使它们和竖直的中心折痕重合。这两条新的折痕分别和左右两边角的最顶端相接。

⑧在剩下的3个相似纸片上重复第7步。

⑨现在在中心轴的周围一共有8个纸片，把它们分成4对。然后把你的食指和拇指放在这4对纸片中间的绿色尖角上。

⑩用你的食指和拇指把4个绿色的纸片（茎叶部分）往上翻，这样就在作品的顶端形成一个类似螺旋桨的东西。

⑪做一个深呼吸，然后把你的嘴唇放在作品顶端的小洞上方，用力向里面吹一口气，这个作品就很神奇地膨胀开来。如果你吹得太用力的话，它可能会变成一个土豆哦！

玫瑰花

用纸巾折叠成美丽动人的玫瑰，放在一个透明的高脚杯里，增添了花的纯净、清新，淡淡的粉色和透明的杯子非常协调雅致，给你的家带来的不仅有温馨更有品位。下面要介绍的是一种很讲究技巧的作品，所以在折叠过程中一定要小心。

❶准备一张很薄的纸巾，要求这个纸巾尽可能是正方形（并不是所有的纸巾都被制成完美的正方形）。把这张纸巾完全打开，如图放置。

❷把左边往右折大概2～3厘米。

❸现在把底边也往上折大概2～3厘米。

❹如图用两根手指和大拇指捏住纸巾的左下角。

⑤把这个被捏住的纸条再次往上卷大概２～３厘米。

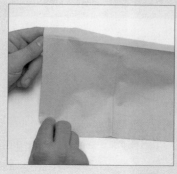

⑥为了把这张纸巾都卷在一起，你可以用另外一只手拿住纸巾的顶边，然后旋转包裹。

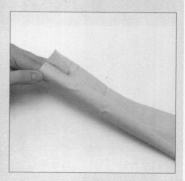

⑦如图为即将卷曲完成的形状。

⑧在离左端大概４～５厘米远的地方用力捏这个柱形，并把捏的点压平，同时保持左边部分为原来的状态。

⑨开始旋转右端纸层，以形成玫瑰花的茎。

⑩继续旋转，一直到大概为右端的一半处。

⑪把右端后半部分的最上面的那层纸从茎底部往上拉，并通过打褶形成一个尖角作为叶子。

⑫之后继续旋转右面的柱形，一直到完成整个茎。

⑬在顶端的花苞处，把最外层的纸往外翻，形成最外面的花瓣。然后小心地调整里面的纸层，形成内部的花瓣。

纽扣花

这种简单的花是一个真正有意思的作品。折叠这个作品不需要太多的材料，只需要两张同样大小的纸，最好是两张同一系列但不同颜色的纸。最理想的是边长7~8厘米的方形纸。

❶我们先来折叶子部分。把作为叶子颜色的那一面朝下，先做一个风筝基础形。如图调整位置。

❷把风筝基础形中短的那两边往里折，使它们和中心线重合。

❸把作品旋转180°，然后沿着中心线做一个谷形对折。

  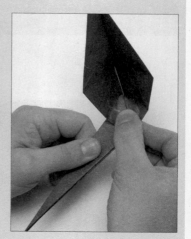

④顺时针旋转90°。把左边的单层纸往上折，使边缘和水平的顶端对齐。

⑤反面重复一样的操作。然后打开叶子中较宽的一端，用手指沿着靠近细端的斜线轻轻地打开纸的上层，接着用力往下压。这样一来，叶子就呈现出立体效果。

⑥如图为第5步完成后、从背面看叶子的形状。

⑦折花朵之前先折一个水雷基础形。注意这时候水雷外观的颜色就是完成时花朵的颜色。

⑧做一次对折，现在所有的尖角都在同一边。

⑨把另一边的封闭的尖角往里折，并且要求这条折痕经过底下的直角。经过本次折叠，在左边会新形成一个明显的三角形。

⑩拿住背面的两个独立的尖角，把它们绕到前面，使在第9步完成的三角形现在位于中间——每一边都有两个独立的尖角。

⑪图为第10步完成后的形状。

⑫用一只手捏住在第9步完成的小三角形，让4个尖角散开，使东南西北4个方向都有一个尖角。

  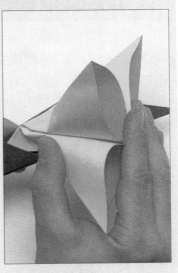

13 按顺序把每个尖角轻轻地打开，并用大拇指和其余的手指捏出花瓣的形状：沿着外面的脊痕打开，然后把脊痕压平，以保持花瓣打开的状态。

14 图为完成后的花朵。

15 把小三角形形成的"茎"插进叶子的"口袋"中（你可以稍微用一点胶水来固定花朵）。

16 完成后的纽扣花。

郁金香和花瓶

很多独立作品放在一起的时候通常能达到很奇妙的效果，比如这里的组合：郁金香和花瓶。其中的花瓶和茎叶是用同样大小的方形纸折成的，而郁金香则是用上面两张纸的1/4大小的纸张折的。这里需要很硬的纸。

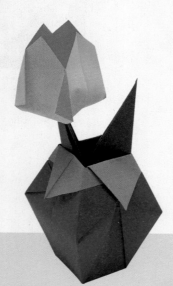

❶先折一个初步基础形，使主体的颜色位于外部，并使开口那端位于顶部。

❷如图把单层的两个外角往内折，使它们的顶点在中心线重合，并且要求最后形成的锥形的底部比顶部窄。

❸在反面做一样的折叠。

❹把单层的左上角往下折，使它和竖直的中心线重合。

❺把第4步完成部分打开，并把里面的主要中心纸片往下折。

❻如图所示，部分折痕因为被遮住而看不见，折下来的那个尖角也没有和竖直的中间折痕重合，而是稍微有一点偏向右边。

❼把竖直的中心折痕看成轴，把右边的一片纸往左折。

❽在新的左上角上重复第4步的折叠，然后用第5步的方法也把主要的中心纸片往下折。

❾翻到反面，然后在左上角重复第8步。

❿再一次利用竖直的中心折痕把右边的纸片往左折。

⓫在剩下的左上角上重复第4步的折叠。

⓬你现在看右边，可以发现我们又回到了开始的地方。从后面打开第4～5步所折。

⑬把最后折的那条自然边往下折到如图位置。

⑭重新折叠，然后如图所示调整每层纸的位置。

⑮把整个作品压平。把最下面的角往上折，折痕和两个外角的尽头相接，然后展开。

⑯如图用你的手指把花瓶打开，捏出瓶的形状。

⑰为了使花瓶能够竖立放置，用你的食指和拇指捏出花瓶底部的 4 条折痕。

⑱图为花瓶完成后的样子。

⑲现在我们来折茎叶。首先我们来折一个风筝基础形，注意要把深绿色的那一面朝下。然后如图调整纸张位置。

⑳把下面的两条自然边往中间折，使它们和竖直的中心折痕重合。

㉑在另一头也把折叠所得的边往中心线的方向折，使茎叶变细。

㉒ 做一个谷形折叠，使宽的那一边纸张覆盖在窄的一端的尖角上。

㉓ 利用竖直的中间折痕做一个山形对折，这样细尖角就被包起来了。

㉔ 用一只手捏住外面部分（即叶子），另一只手捏住尖端（即茎），把茎往外拉，然后压平，这样茎就有了新的角度。

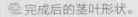

㉕ 完成后的茎叶形状。

㉖ 把茎叶插进花瓶里。

㉗ 要叠郁金香先要折一个初步基础形，使主要的颜色位于基础形外部，然后如图把开口一端置于顶部。

㉘ 把单层的两个角往中心线的方向折，但是要注意使这两个尖角稍微低于整个作品的中心点，这样就能达到花朵的底部比顶部宽的效果。

㉙ 展开第28步的折叠，把两条上边分别往里折，使它们和第28步所做的折痕重合。

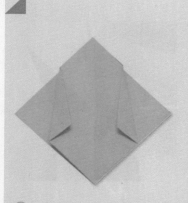

㉚沿着第 28 步完成的折痕重新折叠。

㉛在背面重复第 28～30 步。

㉜在闭合的那个尖角上，用剪刀剪掉一个很小的角。

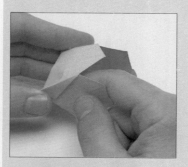

㉝小心地打开郁金香，用你的手指折出花朵的形状。

㉞保持郁金香的形状，小心地把它放到茎上方，然后慢慢地往下压，使茎刚好卡在花朵的孔中。这样一来，即便你的手放开，郁金香还会保持竖立。

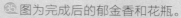

㉟图为完成后的郁金香和花瓶。

第三章

人物·服饰

这部分介绍了与人物、服饰有关的折纸作品，包括人物、帽子、衬衫、袜子等。这些作品都相当简单，很容易被初学者所接受。由于它们与日常生活有关，更容易使人得到学习的满足感。

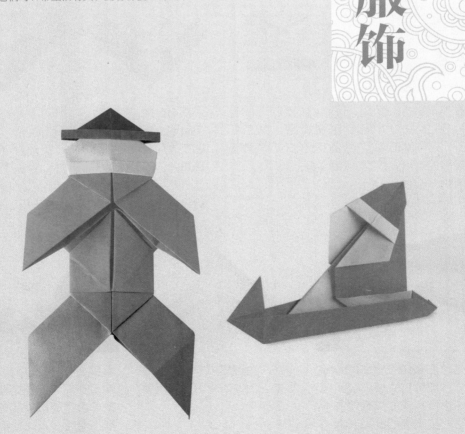

小人

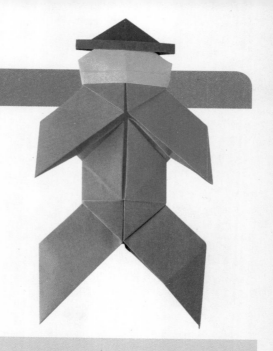

　　没有比折叠小人更让人充满兴趣了，一个戴帽子的小人会给你的折叠增添很多乐趣。折叠人物和折叠动物一样，不需要太多的材料。你要用到 4 张正反颜色一样的纸，最先用到的 2 张方形纸，大小要一样。第 3 张（用来做头部）是在前 2 张大小一样的方纸上先做一个对折，然后折出两条和短边平行的 1/3 折痕，剪掉其中的 1/3 形成的，用修剪过后的较大的一张做头部，较小的一张做帽子。

❶在第 1 张方形纸上沿两条对角线对折再展开，这样就形成了两条斜的折痕。然后用薄饼卷折法把 4 个角折到中间。

❷翻到反面，调整纸张位置，然后如图把上下两个角折到中间。

❸再翻过来。把两个下边往上折，使本来的底边和竖直的中心线重合。同时外面的两个角和顶部的水平边缘重合。

❹在上边缘重复第 3 步的操作，把本来的顶边往下折，使它和竖直的中心线重合。如图是右上角往下折后的形状。

❺如图把右边被遮住的那部分纸片往外拉，使它位于第 3～4 步完成的交叠处的下方。把拉出来的纸张压成一个尖角。

❻在左边重复第 4～5 步的折叠。图为第 4～5 步完成后的形状。

❼翻到反面。你可以在顶端和底部看见两个菱形。如图把两个菱形顶端的角往下推，然后压平，使菱形变成两个长方形。

⑧图为第7步完成后的形状。这就形成了上身和手臂。

⑨折下身和腿的时候，拿与上一张一样大的纸，重复第1～8步，做另一个同样的上身和手臂的部分，然后对折，使压平的两个长方形重合。

⑩把腿上面的那个长方形插入到上身下面的长方形中，这样两个部分就连接在一起了。

⑪用剩下的两个长方形纸中比较大的一张做出头部。先对折，使短的两边重合。然后再在另一个方向上对折一次（分成4份），展开，形成一条中间的竖直折痕。如图把上面的两个角往下折，使本来的顶边和中间的竖直折痕重合。

⑫把单层的底边往上折，使它依靠在三角形纸片的下面，然后再往上折一次，压住上面的两个三角边。在反面重复一样的折叠。

⑬把头套在上身上端的长方形上。

⑭依照长方形的大小，在头的两个外角上做山形折叠。然后在这个新折痕的顶端稍微加宽，使脸更加形象。

⑮用剩下的小长方形纸片做一个帽子：遵循第11～12步的折法。然后把帽子套在头上。如果你愿意的话，可以在上面涂一点胶水来固定。

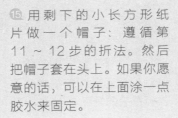

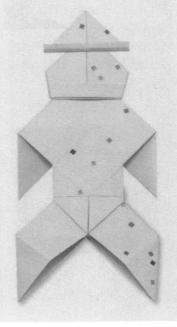

圣诞老人和雪橇

圣诞老人是一个长着雪白的长胡子、穿着大红袍、戴着红帽子、和蔼可亲的老爷爷，每年的圣诞节他都会坐着雪橇去给孩子们送去他们喜爱的礼物。现在我们就来折叠圣诞老人和他的雪橇吧。你需要准备一张方形纸张，最好其中一面为红色，并且开始的时候使这一面朝上。

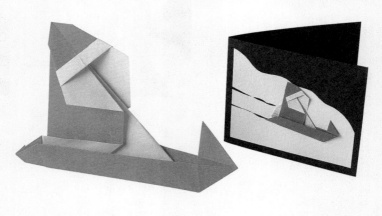

❶先在纸上做一次对折，把左边折到右边，但是只需要捏出顶边附近的折痕。

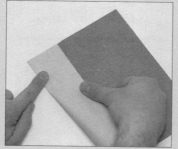

❷展开，再把左边往右折，使它和第 1 步捏出的折痕重合，然后捏出从顶边到下大概 1/4 长的折痕。

❸展开第 2 步的折叠。

❹把左上角往下折，使本来的顶边和第 2 步的折痕重合。

❺翻到反面，调整纸张位置使折进去的角在右上方。

❻把右边缘往左折，使它和第 2 步完成的折痕重合。

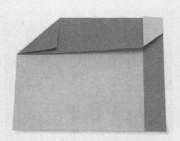

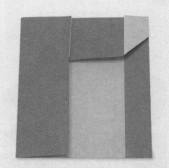

7 把顶边往下折，并且使这条新的折痕和第 6 步完成的小三角形的底边在一条水平线上。

8 把左下角往下折，使本来的竖直边和第 7 步完成部分的底边重合。

9 沿着第 8 步的三角形（本图中已经隐藏）的竖直边，把左边缘往右折，然后展开第 8 步完成的三角形。

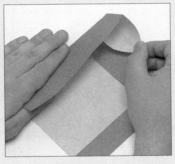

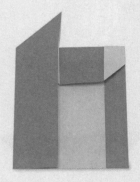

10 把左边的纸片稍微竖起来，然后拉出隐藏着的角，一直往上拉使它变成一个尖角。

11 如图所示为第 10 步的过程。

12 如图为第 10 步完成后的形状。这个特殊的旋转方法在这个作品中会应用到很多次。

13 把第 10 ~ 12 步完成的尖角竖起来，使它垂直于作品的其他部分。

14 把这个尖角压平成半个初步基础形。然后把右下角往上折，使本来的底边和竖直纸条的内边重合。

15 用和第 9 步相同的方法，把底边往上折，覆盖住第 14 步完成的小三角形。然后再次展开这个小三角形。

⑯再次把隐藏着的右下角拉出来，在右边拉平形成一个尖角。

⑰用同样的旋转方法把左下角拉出来，但要注意的是这个三角形的竖直边比水平边长。

⑱如图为第 17 步的效果。

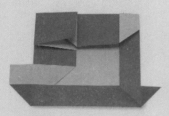

⑲如图为第 17 步完成后的形状。

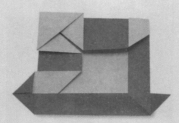

⑳把初步基础形上的单层内角往外折，然后把左边的自然边往下折，使它和底部的水平边缘重合。

㉑展开第 20 步的第 1 个折叠，然后把内角再往回折，使它和第 20 步完成的折痕重合。

㉒在第 21 步的纸片上再往上折一次，形成圣诞老人的帽檐儿。

㉓再往上折一次。

㉔把右上部分的纸片竖起来，使内部的自然边往上折，和圣诞老人的脸的外边重合。

㉕ 把右手边的竖直纸条再往左折一次。

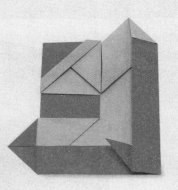

㉖ 如图为第 25 步完成后的形状。压平纸张。

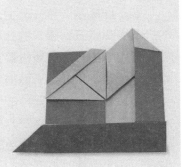

㉗ 把底边的纸条再往上折一次，如图所示。

㉘ 把右下角隐藏着的尖角（雪橇的前刀片）往外拉，旋转到适当位置，这个方法和前面使用的旋转方法类似。

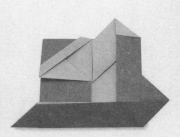

㉙ 如图为第 28 步完成后的形状。

㉚ 沿着从左上角开始到右下角结束的对角线折痕做一个谷形的对折。这个折叠能够很自然地完成，但要注意的是不要在雪橇部分和圣诞老人的右脸（如图所示）上做对折。

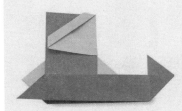

㉛ 如图为第 30 步完成后的形状。

㉜ 转向背面，在雪橇、圣诞老人的脸和他的礼物袋上增加一些山形的折叠，使作品更加形象。

㉝ 图为完成后的圣诞老人和雪橇。

笑哈哈的嘴

这个作品需要首先折很多的折痕，在展开到原来的状态后，再用新的方法重新折叠这些已经存在的折痕，从而得到一个简单素雅但是很美妙的作品。你需要准备一张脆的方形纸，最理想的是一面有红色的纸张。开始折叠时将红色的一面朝上，这样最后动人的红唇就会呈现在我们的面前。

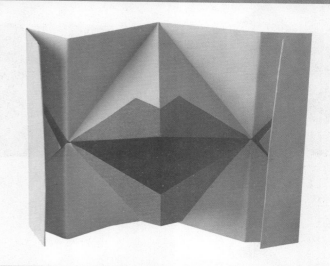

❶ 如图沿着对角线对折。

❷ 把右下角往左折，折的距离为底边水平线长度的1/3。

❸ 用同样的方法折叠左下角。

❹ 如图所示把两个尖角往上折，使它们和顶端的角重合。

❺ 现在，再把两个角往下折，使它们和底角重合，如图所示。

❻ 把两个小三角形的斜边往上折，使它们和第5步的折痕重合。

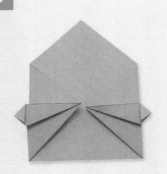  

7 现在在作品的两边有两个小三角形的尖角，在上面做对折，使尖角朝下，如图所示。

8 把所有的折叠都打开，然后调整纸张，使本来的反面朝上，并使所有的折痕都集中在顶部和底部。

9 利用第7步完成的折痕，把上下相对的两个角的尖端往里折。

10 现在利用第6步的折痕，把上下两个角的两边往里折，形成两个"兔耳朵"。

11 翻到反面，然后利用第2~3步完成的折痕，把相对的上下两个角往作品的中间折。这个折叠并不要求压平，而是让两个纸片保持一种三维的状态，这样一来上下两片嘴唇就不会被破坏。

12 从一边到另一边在整个作品上对折，这时要求重新折叠第4步完成的V形折痕。但是在折叠之前有一条折痕是山线，要先在两片嘴唇上把这条折痕捏成谷线，再完成这一步的折叠。

⓭ 如图为第 12 步完成后的形状。

⓮ 把最上面的单层纸尽可能往外翻开。

⓯ 如图把菱形上的尖角往回折,使菱形的颜色隐藏起来。

⓰ 在第 15 步完成的折边上再做一个折叠,形成一个长方形。这部分纸片就是完成时我们用手捏的地方。

⓱ 图为完成后的嘴唇。

使用方法

在反面重复第 14~16 步。然后用你的拇指和食指捏住第 16 步完成的两个长方形的纸片。你捏的时候要使它们和作品成 90°。然后轻轻地拉开,你就可以看见很俏皮的嘴唇。你可以把这个嘴唇插到一张有脊痕的卡片里面,这样你打开卡片的时候,就能看到弹出来一个似在做亲吻动作的嘴唇。

会眨的眼睛

你或许很难想象，用纸张能做出一个立体的眼睛，而且这个眼睛还会不停地眨动，这么神奇的东西你也可以通过一张纸做出来。它的原理与折叠"笑哈哈的嘴"的原理基本相同，但在主题上有很多的改变——是在每张纸上需要拉出4个相邻的纸片。开始折叠的时候要把主要颜色的那一面朝下，要选择一张很薄脆的纸。

❶在方形纸张上做两次对折，分别折出水平和竖直的两条前折痕。

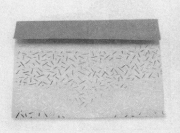

❷把顶边往下折，使它和水平的中心折痕重合。

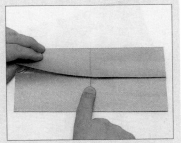

❸把底边往上折，使它超出中间线大约3毫米，然后把它插入到刚折下来的纸片的下面。

  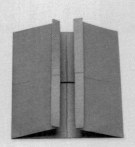

④把纸翻过来。在两个短边上分别折一条很细的条，大约 3 毫米宽。如图所示。

⑤在第 4 步所折的纸条上再折一次。

⑥翻到反面，然后把两条外边往里折，使它们和中心折痕重合。

⑦沿着竖直的中心线，在作品上做一个山形的折叠。

⑧打开作品的左半边，用手捏住上层纸片的自然边尽可能往外拉，然后在这部分纸片上做一个内翻折，然后压平。

⑨如图为第 8 步的过程：形成上眼皮。

⑩在右半边重复一样的折叠。

 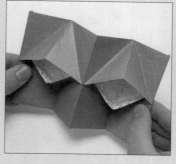 

⑪在下面的自然边上重复第 8～10 步的操作，完成下眼皮的折叠。

⑫用手分别抓住作品的一边。如果保持作品的自然状态，你可以看见"眼睛"是睁开的。

⑬把纸张的两端拉平，"眼睛"就会闭上。把手向里推或者向外拉，就能得到"眼睛"眨动的效果。

王冠

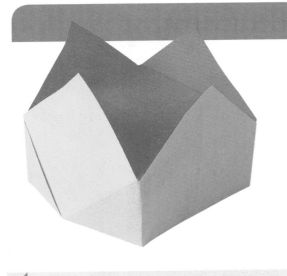

这种王冠做起来并不难，只要一张大小合适的纸。在使用特殊的纸张折叠这个王冠之前，你可以先用报纸来折叠，这样你就可以预计适合你头型的王冠需要多大的纸张了。

❶ 先折一个薄饼卷基础形。注意，纸朝上面的颜色是王冠内部的颜色。

❷ 把纸张翻到背面。如图把下边沿往中心线折叠，同时把相应的薄饼卷片从下面抽出来，使它露到外面，压平。

❸ 用相同的方法处理上边沿。

❹ 把下面的大三角形往上翻，然后把下面的长方形的两个角往里折，使它们的边与大三角形的折痕重合。在上面的大三角形上重复一样的操作。

❺ 把两个大三角形重新压下，然后把整个作品压平。这时候可以看到第 4 步所折的角被遮住了。

❻ 如图所示，在中心线位置有两条重合的水平边缘。

❼ 用手指插进这两个边缘，把它们拉开。

❽ 把作品翻转过来，在每个拐角的地方捏出一条折痕，使王冠呈现四方的形状。调整 4 个角的位置，使它们平坦一致。

衬衫

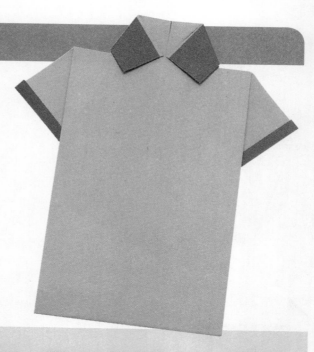

　　用纸折一件衬衫，而且折叠得有模有样，真是一个有趣的创意，这样奇特的作品你也能做好。现在就来试试吧！

❶ 这个作品要求纸张的长边和短边的比例为2：1（即纸张为正方形的一半）。开始的时候，朝上一面的颜色就是衬衫领口和袖口的颜色。如果你使用的纸不符合比例，最好在折叠之前另外再加一步，用来改变它本来的比例。先做一次对折，使两条长边互相重合，展开后，可以看到形成了一条中心线，再把两条长边折向这条中心线，然后如图放置纸张位置。

❷ 展开第 1 步的折叠，翻到反面。

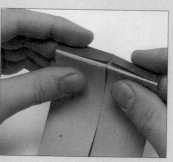

❸ 在纸张的右边，往左折一条细的长条，宽度大概为 5 毫米至 1 厘米，注意这个纸条显示的是颈口的颜色。

❹ 再翻过来，把长边重新折向中心线位置。

❺ 在右边把显示反面颜色的条沿着折边往后折，也就是以相同的宽度再折一次。

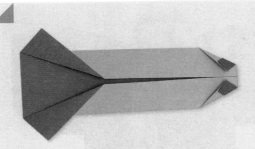

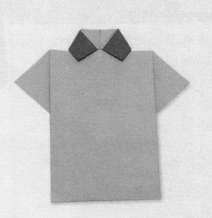

⑥把右边的角往里折，使角的尖端和水平的中心线重合，并且使角离右边缘有一段很短的距离，而新完成的折痕和上下两条边成钝角，如图所示。这个部分将会用来形成领口。把在左边内部的纸张尽可能地往外翻，这个折叠的角度没有精确的要求，但是在纸张的上下都应该有个超出的小三角形。这部分将会用来形成衬衫的袖子。

⑦旋转90°，然后把下边缘往上折，并且插入到领子的两个纸片下面。压平。

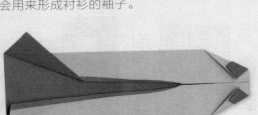

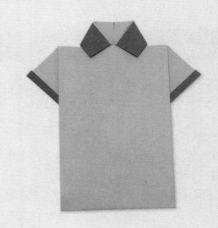

⑧如果想在袖子上增加袖口，可以把作品展开到第6步，然后展开形成袖子的纸片，在两条内边上往外翻折一条很细的纸条。这个纸条要求从领口的末端很近的地方开始，一直延伸到作品的中心位置或者稍微过中心的位置。然后沿着已经存在的折痕，再把袖子往外折。

⑨最后重新按第7步折叠来完成有袖口的纸衬衫。

和 服

和服是日本的传统服饰。
做和服的纸张要求宽和长的比
例为1：4。一张7厘米×28
厘米大小的纸张可以叠成一件
大概8厘米长的和服，这个和
服很小巧，可以嵌在一张卡片
上。开始折的时候应使要成为
和服颜色的那一面朝上。

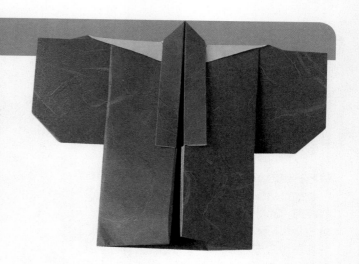

❶先沿着短边的中
心线折一条前折痕，
然后在这条折痕上
折两条1/3分界线
的前折痕。在纸的
一端折一个大约5
毫米宽的条。

❷把纸翻过来，在
同一端把角往里折，
使其边缘和中心线
对齐。

❸如图，沿着两条
1/3线打褶。

❹把上面两层纸往中
心线的方向折，在形
成角的地方压扁，这
个压扁点偏离了整个
作品的中心。同样折
叠另一边。

❺翻起在第1步中折出的条
状纸，把上一步形成的边塞
到里面。

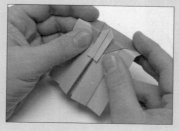

❻在顶部做一个山形折叠，
使它的边缘尽可能往后，
这时候中间的条状纸凸出
来了。

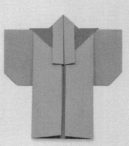

❼用山形折叠法把最底下一层
的纸往后翻，使其边缘和前一
步形成的折痕重合，再把新形
成的长方形中下边两个角往后
折，形成袖子。

圣诞长袜

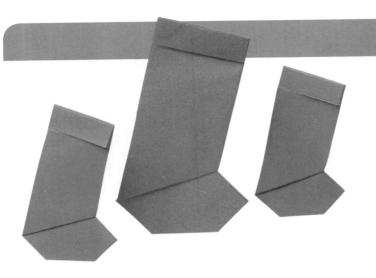

这个传统作品源自纸巾的折叠，但这里采用的是普通的纸张。这个作品末端的锁扣使所有的纸层叠合在一起。要完成它，你需要准备一张脆的方形纸，不要太厚，大红大绿的颜色就是不错的选择。

❶使你希望做袜子主要颜色的那一面朝上。然后在底边向上折一个很窄的纸条，如果你用的是 A4 大小的纸张，那这个纸条大概是 1 ~ 2 厘米宽。

❷翻到反面，上一步完成的纸条现在隐藏在背面和底边平行。把整体做一个对折，展开，形成一条竖直的中心折痕。

❸把左边和右边往中间折，使它们和中心线重合。

❹把顶部的两个角往里折，使本来的竖直边和水平的中心线重合。

❺把顶部的尖角往下折，使它和第 4 步完成部分的边重合。

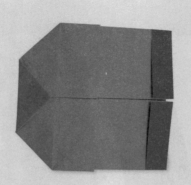

⑥逆时针旋转90°，把新形成的左边缘往右折，使它和右边缘重合。

⑦再把折过去的那个纸片往回折，使它的两个最外面的角正压在下面的两个直角上。

⑧旋转纸张，使有窄边的那一端置于顶部。然后沿着竖直的中心折痕做一个谷形对折，这样所有的折痕都在作品内部了。如图所示拿住作品：一只手的食指和拇指抓住顶端，另一只手的食指和拇指捏住袜子的"脚趾"部位。

⑨把"脚趾"往前上方拉，这样第6～7步所折就被部分拉了出来。这一步会形成新的折痕，而"脚趾"也会指向新的方向。压平作品。

⑩打开长袜的两片纸，在其中一片上把第1步所折的窄边拉开，形成一个口袋，然后重新折叠长袜，把另一片纸上的顶角插到这个口袋里。

⑪把作品压平。如图就是完成后的圣诞长袜。

致力于折纸的人都是很有才智的，比如那些创造了不同的折纸方法的折纸家们，他们设计了许许多多能飞、能旋转、能"说话"的作品，在某种程度上掀起了折纸革命。这里我们将要介绍一些很简单的、小孩子们都喜欢折的作品，当然也有一些作品需要很多技巧和时间，而后者曾把折纸方法推向一个又一个的高峰。

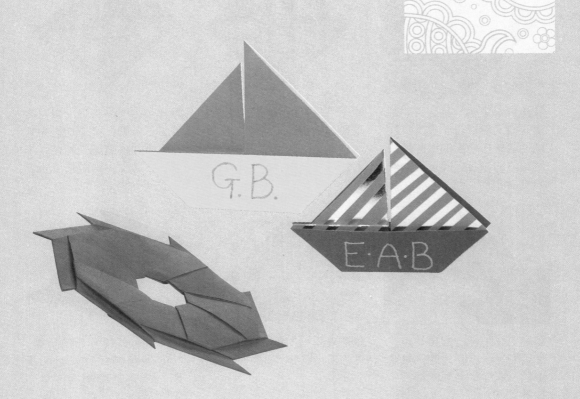

帆 船

这个传统的作品同时也是
美国折纸协会的标志。这是一
个很适合口头传授的作品。可
以在帆船的船体写上参加聚会
的客人名字，因此常常用在一
些小孩子的聚会上。你最好选
择一张双色纸。

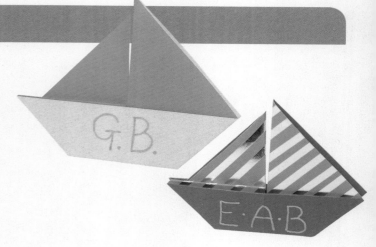

❶先折一个初步基础形，并
使开口的那端位于顶部。注
意，现在在外面的颜色是最
后船体的颜色，而里面的颜
色将是帆的颜色。

❷在外层纸上做一个山形的
折叠，使它往下并使尖角和
底角重合。在反面重复一样
的折叠，然后压平。

❸在其中的一片帆上做两次
的谷形折叠，第1次把尖角
往下折，使它覆盖船体，第
2次把这个尖角再往上折，
形成一个很窄的条。

❹把船体稍微向外拉一点，
然后把上一步完成的小帆往
里插，这样从外面就看不见
褶皱了。

❺把底角往上折，使它和船
体的顶边重合。

❻部分展开第5步的折叠，
并使展开的纸片和帆船垂
直，这样帆船就可以"站
立"了。

小 船

这个传统设计在最后一步的时候有一个很聪明的折法：它把里面的部分翻出来，不仅锁住了所有的纸层，而且创造出了一种坚硬的适合在水上漂流的平底。因为这个作品需要做很多次的折叠，而且为了形成一个很厚的底层，还需要层层的折叠重合，所以这就要求用一张很大的、既薄又脆的纸张作材料。

① 沿两条对角线分别对折，形成两条前折痕。把上下的两个角分别往下往上折，使它们与中心点重合。这时候你在翻起的角上看到的颜色就是最后完成的时候船篷的颜色。

② 展开第 1 步的折叠，折同样的两个角，只是这一步要让它们的顶端和刚才形成的折痕对齐。

③ 顺着已经存在的折痕再折叠一次。

④ 翻到背面。

❺旋转90°，然后用相同的方法处理另外的两个角。

❻把上边缘和下边缘分别折向水平中心线的位置。

❼把前一步中最后得到的长方形的4个角都往里折，两两对齐于水平中心线。

❽在右边，对第7步形成的边缘再次折叠，使它变窄，并成为一个尖角。

❾在左边重复一样的操作。这时候，新折叠的部分可能会有点盖住第8步形成的部分。

❿把上下两个角折向中间位置，也和中心线对齐。这时候，纸层已经变得很厚了，所以折的时候一定要小心、准确。

⓫这时，你可以在中心线的位置看见有两个对齐在一起的边缘，用手指捏着边缘从下面轻轻往外拉，打开这两个边缘和第10步折成的部分。

⓬把整个作品翻过来，但是要继续用你的手指捏住。如图，你的大拇指现在应该在船体的下面，接近其中一个船篷。

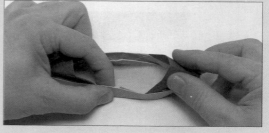

⓭把你的大拇指往下压，同时你的食指要往上顶，使食指捏住的部分从底下转变到上端，这样就把作品的内部翻了出来。

⓮在船的另一头重复一样的翻折。最后用手指捏出船底、船篷的形状，注意在捏船篷时要小心地捏出一个平稳的弧度。

水雷

小孩子都喜欢打水雷，在炎热的夏季用水雷打水仗是非常有趣的。你可以通过顶部的小孔向水雷灌水。折水雷要用厚一些的纸作材料，因为如果纸太薄的话，吸收水分的速度会很快，很容易损坏。

❶先折一个水雷基础形。

❷把位于下部的一个尖角往上折，使其与"金字塔"的顶端重合。

❸在余下的 3 个尖角上重复同样的操作，然后你可以在正反两面上都找到两个折上去的尖角。

❹把每一面单层纸上的角往中心线的方向折。

❺在背面重复第 4 步的折叠。

❻把上面两个角一起往下折，和整个作品的中心点对齐。

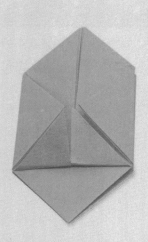

⑦此图为第 6 步完成后的形状。旋转作品 180°，压平。

⑧这时可以看到第 4~5 步完成后的大三角形上形成的一个口袋。把大三角形举起一点，压一下它的中心脊痕，使口袋张开。然后把上一步形成的小三角形推入口袋中，封住水雷。另外 3 个尖角做同样的处理。

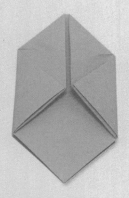

⑨图为第 8 步完成后的形状。

⑩把上面和下面的角都折向作品的中心点，每一个折痕都要用力完成，然后展开。

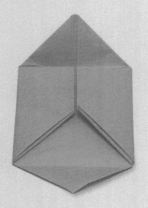

⑪图为第 10 步完成后的形状。

⑫最后，把 4 片纸分开。把嘴唇放在纸的上方，如图对准那个孔使劲地吹，使它膨胀成一个立方体。现在可以向孔中灌水，把水雷甩在地上了。

响 炮

这个简单的设计不需要很多材料，只要一张纸，动手折叠一下就好了。纸张的选择也是随意的，报纸、平滑的纸、包装纸均可，你可以选择不同的材料，比较一下它们发出的声音有什么不同。在你学会之后，你可以试着边交谈边演示给你身边的朋友，看他们能不能跟着你的步骤迅速完成这个有趣的作品。

❶把一张长方形纸对折，使两条长边重合。展开，然后把 4 个角往里折，使它们和中心折痕重合。

❷做一个对折，把底边折向顶边。

❸再做一个对折，使两个尖角重合。

❹如图把上层的纸往上折，形成一条斜的折痕，这条折痕和第 3 步完成部分的边缘相接。

❺在反面重复一样的折叠。

使用方法

用手抓紧有两个独立尖角的一端，注意要让长的那边朝向你。如图把响炮举高，然后迅速地往下甩，就像甩一条鞭子一样。这时候本来位于内部的纸片就出来了，发出"嘣"的声音。你把这个甩出来的纸片折回去就又可以甩了。

纸飞机

纸飞机一直是一个很流行的作品，而且有很多不同的设计。现在来教你一种很简单的方法，这种方法是在传统折叠方法上的一种新突破，这种飞机只要你轻轻一扔就能高高起飞。选张硬的A5（14.5厘米×21厘米）纸是最理想的选择。

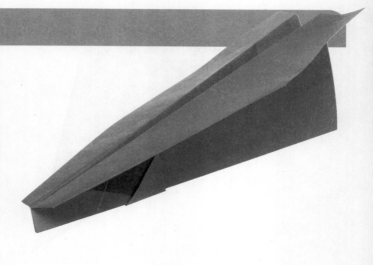

❶对折长方形纸张，使两条长边重合，形成一条中心的折痕。然后把一边的两个角往里折，使它们和中心线重合。

❷翻到反面，然后旋转90°。整个作品看起来就是一个上面的长方形和下面的三角形的组合。把下面的尖角往上翻，使三角形位于长方形之上，而这个新的折痕就是第1步完成部分的边缘。

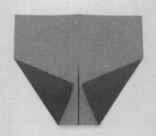

❸注意三角形的高度，判断一下，在三角形顶角往下的大约1/3处把两个底角往中间折，使它们在竖直中心线上你判断出来的那一点相交。在其他一些飞机作品中，飞机的前端并不是一个尖角。

❹把三角形的尖角往下折，扣住这两个角，使它们保持在如图的位置。折下来的尖角不要超过它自然能到的范围，否则的话，两角的边缘会被弄破。

❺沿着中心线做山形对折，这样一来所有折出来的部分都在飞机外面。如图调整位置。

❻把顶端的边缘（仅单层）往下折，使本来斜的那条边和水平的底边重合。在背面重复一样的折叠。然后在飞之前使这两个机翼稍微分开。从飞机的尾部看，整个飞机应该是一个"Y"字形。

魔法星/飞盘

完成这个作品你需要8个小正方形的纸，最好是摸上去很光滑的那种，因为粗糙的纸张达不到很好的效果。——折叠它们，最后将它们折合起来。

❶使有主要颜色的一面朝下，然后做一个对折，使边与边重合。

❷如图使第1步完成的折痕朝向你，然后把右下角往上折，形成一条和水平线成45°的折痕。图中已把上一边的单层翻到了外面。

❸打开第2步的折叠，做一个内翻折。

❹从上面打开整个作品，把另外一边的两个角往里折，使本来竖直的边和第1步形成的折痕重合。合上作品，压平。

❺如图所示在桌上放置这个模块，然后折出相同的另外7个模块，放置位置也如图所示。

❻拿出其中两个，如图所示，把第1个插入到第2个中，使第2个夹在第1个的两个分开的尖角里，用手捏住，保持两者的位置。

⑦把第1个分开的两个尖角往第2个的分开的两条边上折（如图所示，面朝你的那个面的尖角是山形折叠，而背面那个则是谷形折叠），这样就能使两个部分合起来。

⑧图为最先的两个模块合在一起后的形状。

⑨按照顺时针方向把其他几个都插进去。如图所示，当你已经插入了6个之后，看上去已经不能再进行了，这个圈圈也快要完成了。这个时候，你必须很小心地把最后一个插进去，当你用同样的方法插完第8个的时候，就可以把这第8个和第1个折合在一起了。

使用方法

① 如图就是完成后的魔法星。想要把它变成一个飞盘，只要用手指捏住这个魔法星中任何两个相对的角，然后慢慢往外拉，中间就会出现一个洞。

② 换一对角，也往外拉，这个角就会变得更大。

③ 继续旋转、换角，重复一样的动作直到你得到如图所示的飞盘。

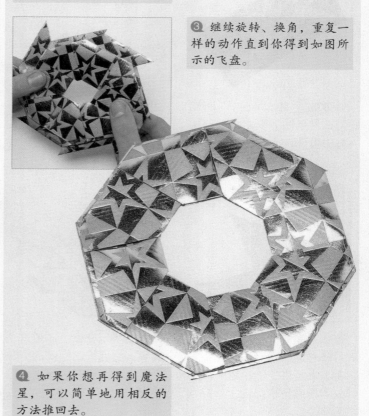

④ 如果你想再得到魔法星，可以简单地用相反的方法推回去。

弹弓和篮球筐

这是一个很好玩的玩具，弹弓和篮球筐组合在一起能达到很美妙的效果。其中篮球筐是一种传统的折纸作品，需要一张很硬的A4纸；折叠弹弓需要选择一张很脆的方形纸，你可以在一张A4纸上裁得。

❶我们先来折叠弹弓。在纸上沿对角线对折，展开。然后如图捏出剩下的那条对角线的中心点。

❷展开第1步的折叠。把上面的角往下折，折的位置大概是顶端到中心点的1/3处。

❸把上面的两条斜边往下折，使上一步的折痕和竖直的中心折痕重合。

❹把藏在里面的角拉出来，也就是第2步形成的角。

❺把纸张压平到如图位置。我们可以看到第2步形成的角现在变成了一个尖角。

❻把外面的两条边往里折，使它们和竖直的中心线重合，形成一个类似的风筝基础形。

❼翻到反面。

❽在作品上做一个谷形对折，把左边折到右边。

❾沿着水平的中心折痕再做一次对折，把底部折到顶部。

❿用一只手捏住外面纸层的底边，另外一只手捏住尖角并往上拉。最后这个尖角的水平边应该和外面纸层的底边平行。然后压平，这时候尖角就在新的位置了。

⓫把外面纸层的顶角往下折，使这条新的折痕和内部尖角的边（第10步形成的水平边）重合。在反面重复一样的折叠。

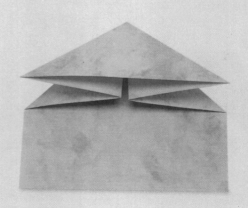

⓬把内部尖角末尾的小三角形打开，在它的底部做一个山形的脊痕。这样就完成了一个张开的发射筐，随时等待发射。

⓭现在我们来折篮球筐。先在长方形纸张的一端做一个水雷基础形。

⑭ 把上面的两个尖角往里弯，并把其中一个尖角插到另一个尖角里面，直到它们可以保持一个篮筐的形状。

⑮ 把两个竖直的外边往里折大概 4 ~ 5 厘米。这个折叠不做精确要求。

⑯ 把第 15 步完成的折叠打开，并使它们和作品的底边垂直。然后把这个完成的篮球筐立起来。

使用方法

把一张纸捏成小球，放在弹弓的发射筐里。拉开弹弓上的拉杆（就是在第 11 步完成的两个三角形纸片）使内部的尖角向前弹起，于是这个纸球向篮球筐的方向飞去。看看你可以弹进几个球。

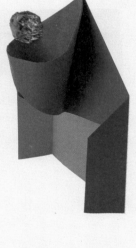

绣 球

这个绣球是用来装饰的组合型折纸。你可以用你自己准备的纸张来折叠，也可以用那种可以买到的成套的工具，里面包括介绍说明、一个缨穗和一个可以把最后的作品悬挂起来的挂钩。你一共需要准备 30 张方形纸。这个作品和其他的组合型作品很大的区别点是，它在组合的时候是把尖角插入到作品内部的口袋中，因此整个组合过程非常复杂，需要很大的耐心。

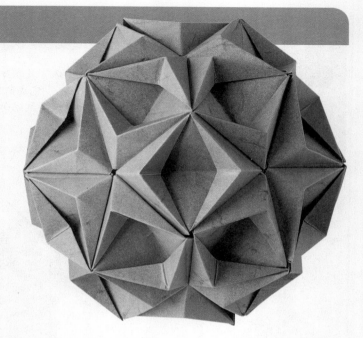

❶先在纸上做一个对折，折出一条水平的中心折痕。展开后，把底边和顶边折到这条中心线上。

❷把右下角往上折，使本来的竖直边和顶边重合。同样把左上角下折，使本来的竖直边和底边重合。这就形成了一个平行四边形。

❸展开第 2 步，然后翻到反面。做一次对折，折出一条竖直的中心折痕。展开。

❹在这一面重复第 2 步。

❺展开第 4 步的折叠。

❻把左右两条外边往中间折，使它们和竖直的中心线重合。

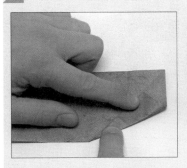

❼展开第6步的折叠。把底边的右半边往上折，使它和第4步完成的折痕重合，但是只要折出从底边开始一半的折痕，使这条折痕和第6步的折痕相接。

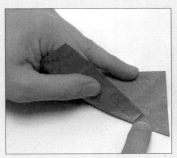

❽展开第7步。然后把底边往上折一部分，使它和第2步完成的折痕重合，使这条新的折痕从右下角开始延伸到右边的竖直折痕（平分右边部分的中心线）。

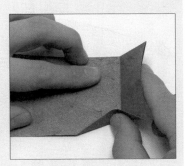

❾第8步新的折痕和第7步完成的折痕形成一个"∨"字形。如图所示，当你重新折叠右边的竖直折痕的时候，在这个"∨"字形的纸片上做一个内翻折。

❿如图为第9步完成后的形状。

⓫在作品的左上部分重复第7～10步。你可以旋转纸张180°后再进行折叠。然后把整体如图放置。

⓬重新折叠第4步形成的折痕。

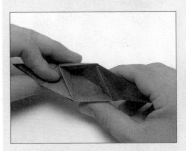

⓭利用菱形底部中间的折痕对折，这个菱形会像嘴巴一样闭合在一起。把周边压平，使折痕更加突出，然后轻轻松开。

⓮用力折两个分割外角的折痕，使作品的两个末端都形成小的三角形。这样，一个模块就完成了。用同样的方法再折29个。

⓯把其中一个翻过来，你就可以看见底面部分。然后把第2个的尖角插到第1个背面开口的缝隙里。

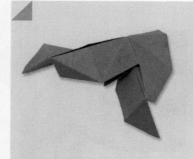

⑯ 如图为第 15 步完成后的立体形状。

⑰ 现在插入第 3 个：用同样的方法把它的尖角插入到第 2 个背面的缝隙里。

⑱ 把这些模块旋转到正确位置之后，使第 3 个和第 1 个也结合起来。这时底部会形成一个尖角，从正面看就是一个中空的三角锥。

⑲ 如图为第 17 ~ 18 步的过程。

⑳ 如图为 3 个模块锁扣在一起的样子。

㉑ 如图为 3 个模块锁扣在一起后的另一面的形状。

㉒ 在作品中将更多的模块组合进来。在这个过程中最好参看一下最后的作品：每 5 个"嘴巴"组成一个五角星的形状。

㉓ 图中可见作品中的五角星的形状。这个面就是绣球的外表面。你可以拿一个浅的盒子盖，然后把组合好的大概 10 个模块放在上面，这样的话你在插入其他模块的时候，就可以用盒子的边来保持作品其他部分的形状。

㉔ 插入更多的模块。

㉕继续插入更多的模块。

㉖继续插入更多的模块。如果你愿意，可以在插最后一个的时候，用纸夹夹住其余部分。

㉗如图为插入最后一个的过程。你要确保每一个口袋都已经准备好接受一个尖角。你可以用一个尖的工具把这些口袋挑开。同时你还要确保最后的所有尖角都很尖，并且都在适当的位置。这是一个非常复杂的过程，你可以把它当作一个挑战。

㉘图为完成后的绣球。

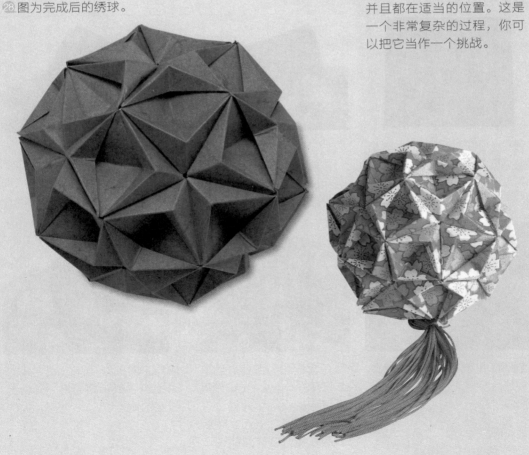

预测"未来"

你可以和你的朋友来玩预测"命运"小游戏，测测彼此的"命运"。按照以下的步骤来折叠一个4瓣花。在作品的4个外花瓣上写上4种不同的颜色，在里面的8个花瓣上写上一种命运的描述。让你的朋友选择一种颜色，以他所选颜色的笔画数作为打开和闭合这个作品的次数。接着让他再任选一个数字，同样以这个数字作为打开和闭合这个作品的次数。当所有的动作结束之后，最里面的花瓣上所写的就是他的"命运"了。

❶在一张正方形纸上做一个薄饼卷基础形，翻到反面，再做一个薄饼卷基础形。

❷做一次对折，把底边折到顶边位置，然后如图拿住作品，利用已经存在的折痕做一个初步基础形。

❸如图为第2步完成后的形状。

❹把第1步形成的自由薄饼卷纸片打开。

❺把食指和拇指插入到第4步打开的4个独立的口袋里。先把你的食指和拇指分开，再使它们碰在一起，然后分开两只手，这样就能实现预测"命运"的开合效果。

❻把第1步中第2次完成的薄饼卷纸片翻起来，就能看见"命运"。

第五章

日常用品

也许折一些实用的日常用品你可以得到更大的满足感。你可以折叠出很多雅致而又实用的东西，比如礼品盒、相框或者商业卡夹。这些既可以应用在日常生活中，也可以作为特别礼物之用。当然在折叠之前，先谨慎地选择好纸张材料——越耐用的纸张越好。

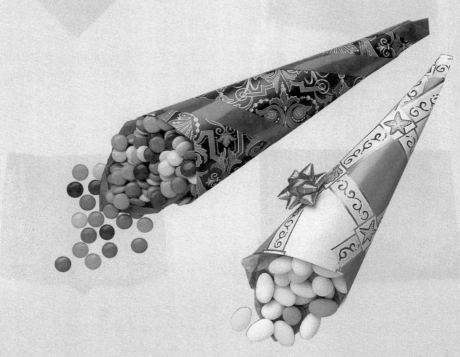

果品盒

通常在折纸界很少有圆形的作品，但是这里要介绍的就是一个有很优美弧度的设计。它常被用作餐桌的装饰品，可以盛放坚果、糖或者其他聚会用的食品。你可以选择一张坚硬的方形纸，最好是正反颜色不同的纸张，可以根据你的喜好选择颜色。

❶首先使次要颜色的那一面朝上，通过对折做出两条对角线的前折痕。然后翻到反面，在两个方向上对折，展开，完成如图所示的前折痕。现在是主要颜色的那一面朝上。

❷在做了一个薄饼卷基础形之后，把每一个角再往外折，使角的顶端和外边相齐。

❸翻到反面，如图放置成一个正方形。然后把底边往上折，使它和中心线重合，用力完成这个折痕。

❹展开第3步的折叠，在剩下的3条边上重复一样的操作，每次折完后都展开。

⑤翻到反面。然后利用对角线和第3～4步的前折痕把中心正方形外面的4个角往后折。这时候你可以看出中心正方形的折痕可以构成一个水雷基础形。

⑥把中心点往里推，使之内沉，然后放平在桌上。

⑦压平后整个作品看上去像一个常规的水雷基础形。

⑧利用第3～4步形成的折痕，在所有的尖角上做内翻折（前面和后面），把它们插到下面。然后把作品压平。

⑨如图拿住作品，小心地把顶边后面的小口袋打开，然后用你的拇指把底边往上顶，并使它平滑地弯曲。

⑩在剩下的3个边上重复同样的操作。最后把底部捏成圆形，间隔捏出一定的弧度。

点心盒

点心盒是一种很受欢迎的传统作品，作为餐桌上的装饰品，它有很大的实用性，可以用来盛放食物。必须提醒的是，你要用较硬的方形纸来制作。

❶先折一个薄饼卷基础形。这时外面部分的颜色就是点心盒的颜色。

❷把薄饼卷基础形当作一个平常的正方形，在此基础上折一个初步基础形，注意要把薄饼卷的一面朝外，这样使初步基础形上面有贯穿上下的原始边。调整位置，使开口的尖端置于顶部。

❸用你的手指伸进一个在面上的原始边形成的口袋中，把上面的单层纸向你的方向拉。最后把拉下来的纸压平，可以看见一个长方形。

❹上图为完成第 3 步后的形状。现在，在反面重复同样的折叠，压平纸张。

❺这时在中心线的每边都有两片纸。像翻书本一样翻动它们，把右边最上面的那片往左折，然后翻到背面，同样把右边最上面的那片纸往左边折。这时中心线的每边仍有两片纸，且两边一样。

⑥把上面一层纸的外边沿往里折到中心线对齐。

⑦把上顶角往下折，使尖角和底边重合。然后在背面重复第 6 步和第 7 步的折法。

⑧捏住在第 7 步完成的两片像翅膀一样的纸片，向外拉开点心盒。

⑨继续用你的手指使中间出现一个凹进去的空间，然后把空间撑开。

彩蛋篮

这个作品是复活节主题的经典作品，当里面放满彩蛋的时候，整个作品显得很喜庆。你需要准备一张方形纸，最好是正反面的颜色不一样，还要一条和这个正方形边长一样的长条纸。

❶开始的时候先折一个初步基础形，基础形外面的颜色就是最后完成时篮子的颜色。调整位置，使封闭的尖角朝向你。

❷如图把顶端的单层纸分别往下折，使之和底部封闭的尖角重合。

❸再把折下来的尖角往回折，使它的顶端和水平的中心线重合。

④ 把上一步往上折的三角形打开，然后把尖角往上折，使它和第3步的折痕对齐，然后恢复到如图位置。

⑤ 如图再次把上一步完成的底边往上折，在篮子的中间形成一个很厚的边缘。然后在背面重复第2～5步的操作。

⑥ 你可以看到在竖直中心线的两边都有两个大的纸片，把中心线当作轴，使右边最上面的纸片转到左边，然后翻到反面，重复一样的操作。

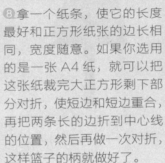

⑦ 在新形成的正反两面上重复第2～4步的操作。

⑧ 拿一个纸条，使它的长度最好和正方形纸张的边长相同，宽度随意。如果你选用的是一张A4纸，就可以把这张纸裁完大正方形剩下部分对折，使短边和短边重合，再把两条长的边折到中心线的位置，然后再做一次对折，这样篮子的柄就做好了。

⑨ 把篮柄的一个末端插到第4步形成的纸片后面，直到最底端。

⑩ 用第5步的方法把这部分纸再往上折，使篮柄固定。在反面重复第9～10步。

⑪ 再把这部分的纸往上折一次，这样篮柄的位置就更牢固了。在反面重复一样的折叠。

⑫ 把上层的两个外角往里折，使它们的角尖和篮子顶端的竖直中心线重合。在背面重复一样的折叠。

⑬ 如果观察这个作品，你会看见在靠近篮子的顶端有两个菱形的纸片，以菱形最下面的那条边为折痕，把这个菱形的顶角往下拉。这个步骤能够很自然实现。然后在相邻的菱形纸片上重复一样的折叠。

⑭ 把本来在这两片纸片后面的水平折边翻下来放置在前面，压平。在背面重复第13～14步的操作。

⑮ 如图为第13步和第14步完成后的形状。

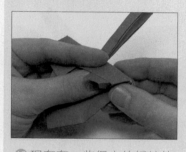

⑯ 现在有一些很小的纸片伸出在篮子的外面，如图以篮沿儿为界把这4个小纸片往里折（你可以先把这些纸片折到篮沿的后面，然后展开，插到最外层纸的后面）。

⑰ 如图为第16步完成后的形状。

⑱ 如图所示，现在还有4个小的尖角指向前方。在这些尖角上做山形折叠，并把它们插入到后面的小口袋中，这些小口袋是先前的斜折边形成的。

⑲ 在篮子的尖角上做一个折叠，使新的折痕和篮子的两个底角相接，然后展开。这样篮子就完成了。

⑳ 用手拿住篮柄的两端把篮子轻轻地打开。然后在一些需要的地方调整折痕，使篮柄平滑弯曲，篮子形状就会更优美。

㉑ 图为完成后的复活节彩蛋篮。

糖果锥

在婚礼或聚会上摆放糖果有许多可爱又简单的方法。比如，用雅致的包装纸制成圆锥、卷上红色丝带，并在圆锥内部配上红色棉纸，最终的作品会成为聚会上的亮点。

❶选用边长为20厘米、有花纹或简单设计的正方形纸。从一个边角开始把纸卷成圆锥体。

❷沿边缘把圆锥粘合在一起，在重叠点粘上一个花饰。把圆锥的顶端压平。

❸把一些相配的棉纸揉皱，从开口的一端塞入圆锥内。完成后就可用来装糖果了。

方盒

这个作品的折叠方法和后面"杂物盒"的折叠方法基本上相同，只是做了一点修改，就是在底部的折叠上把纸张折成了3等分。完成这个小盒子，你需要两张坚硬的纸张，其中用来折盖子的纸应该比完成后的盒子稍微大一点。开始的时候使当作盒子颜色的那面朝下。

❶分别沿两条对角线对折，每次都展开。然后分别在两个方向上对折，使对边相互重合，也都展开。

❷把4个角都往里折，使它们的顶端和中心点重合。

❸在每一个方向上3等分。

❹如图所示，把左边和右边的角完全展开。

❺利用第3步形成的折痕把顶边竖起来，使它和作品的底部垂直。同时把右角也向上呈直角竖起。

❻如图为第5步完成后的形状，形成一个褶。

⑦在底边上重复第5～6步的折叠，也形成一个褶。

⑧把第5～7步完成后剩下的大纸片往里折，使它盖住盒子的外边缘，从而形成盒子的形状。

⑨如图为第8步完成后的形状。

⑩在作品剩下的一端上重复第5～9步的操作。这样，盒子的底部就完成了。

⑪在另外一张纸上也做一个薄饼卷基础形。要求这个基础形比开口盒子的边都长大概2厘米。

⑫把开口的盒子放在纸张中央，然后把纸张的一边以直角的方式往上折，使被折起的边紧紧贴在盒子的边上。用力捏出这条折痕。

⑬在剩下的3条边上重复第12步的折叠。

⑭重复第4～10步的折叠，用折盒子的方法来完成盖子的折叠。

礼品袋

　　这个作品在顶端有很巧妙的开合设计。第1次折这个礼品袋的时候，你可以选择脆的纸，然后可以尝试使用柔软的或者有纹理的纸张来完成一个更漂亮实用的礼品袋。纸张的大小要求是A4纸，并且开始的时候使作袋子颜色那一面朝下。

❶首先如图放置纸张，使长的一边置于水平位置。然后做两条3分线，展开。

❷在左下角上折一条45°的折痕，使角本来的竖直边和最近的水平边重合。这条折痕不需要很用力。

❸把右边缘往左折，使它和第2步形成的小三角形的竖直边重合。

❹展开。然后在相对的边上重复第2～3步。

❺展开第4步。如图所示为完成后的折痕形状。

❻把左下角往上折，使本来的底边和较远的那条竖直边重合，如图所示。这次只需要捏出最下面的中心正方形内的那部分折痕。

❼展开第 6 步的折叠。

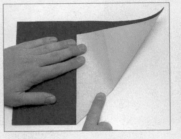

❽在右边的纸上重复第 6 步的折叠，同样也只折出在下面的中心正方形内的那部分折痕。然后展开。

❾如图为第 8 步完成后的形状。

❿然后在顶边上重复第 6～9 步的操作。

⓫利用已经存在的折痕把顶边往下折，使它和下面的那条 3 等分线重合。

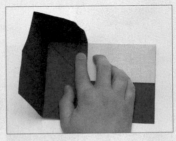

⓬顺着上端中心正方形中的斜折痕，如图把一部分自然边往外折。现在这个作品就是三维的了。

⓭在作品底边的同一个末端重复第 11 和 12 步的操作。如图显示的是经过转变位置后的形状，这时候你已经可以看到第 12～13 步后形成的袋子。

⓮在袋子底的正方形上有两个小的三角形纸片，这两个小三角形上有一条斜的折痕，顺着这两条折痕把这个小三角形纸片对折。

⓯这样，作品变成了三维的袋子形状，你可以发现有两边是两层纸交叠的。

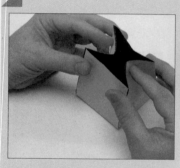

⑯ 如图在袋子的开口处把前面和后面的纸张捏压在一起，往中间折。

⑰ 如图捏住顶端部分。

⑱ 捏住所有的纸层，把上边缘往下折大约1厘米的宽度，形成一条贯穿袋子顶端的边沿。如果你用的是更大的纸张，那么这个宽度也应该相应变大。

⑲ 把这条水平边沿的一半展开，使它向上竖起。这时候把中间部分的纸张压平，你可以看见一个类似于领结的形状。

⑳ 把第19步展开的纸张折到袋子的后面，使整个袋子对称。

㉒ 图为完成后的袋子形状。

㉑ 如图在顶端的所有角上都做山形的折叠，使它们插入到纸层的中间位置，这样就完成了袋子的扣。

奇妙的信封

这个奇妙的信封应用了一种特殊的方法，它一旦折成之后就不能重新折叠，除非你把它撕破。你需要准备一个坚硬的办公信封，使用 A4 大小的纸。

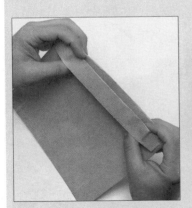

①把作封口的单层纸剪掉，使封口两边对齐。当你用下面介绍的折叠方法折完之后，信封的封口折边自然朝外。让你的朋友看到这条折边，然后剪掉这部分，再让他折一次。当然，他折不出来，除非把纸张撕破。

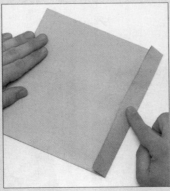

②现在要来演示这个游戏的折叠方法了。把信封开口的那端往里折（两层纸一起折）大概 2 ~ 3 厘米。

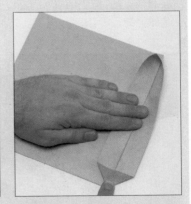

③把第 2 步完成部分的上层纸打开，压平后在信封口的两个外角上都会形成一个小的三角形。

④翻转到反面。

⑤把两条长的外边往里翻，使折痕和第3步的小三角形的长边重合。

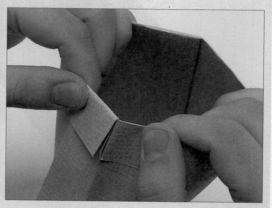

⑥翻到反面，把仍留在外面的边做山形折叠。这样，封口两边就一样了。

⑦小心地把你的手指伸入信封开口的里面，用食指和拇指捏住封口一边的角。

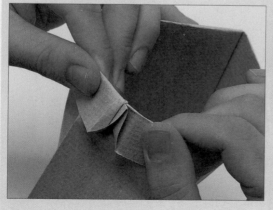
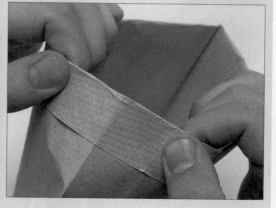

⑧非常小心地把你的手往两边拉，使封口末端的角伸展开来，而本来被遮住的那部分纸也被拉了出来。直到所有的被遮部分完全展开。

⑨如图为第8步完成后的形状，然后用同样的方法处理另外一边的角。现在你可以看见先前介绍的信封状态了：信封口末端的折边自然向外。

书 角

如果你使用了这样的书角，就再也不用担心在书中找不到上次读的地方了。这是一个实用的作品，完成它你需要一张很小的方形纸，最理想的边长是7～8厘米。

❶沿对角线对折。此时外面显示的颜色就是最后书角的颜色。

❷大三角形再对折，用新折痕标志底边的中心点。然后把单层的顶角往下折，使它和中心点重合。

❸同样把两个外角往里折，使它们和这个点重合。

❹在右边展开第3步的折叠，然后如图所示把这个外角往上折。

❺利用第3步形成的折痕做一个山形折叠，把这个尖角插到第2步形成的水平折痕的后面。

❻在左边的角上重复一样的折叠，如图即为完成后的书角。使用时把书页插入这个三角形的袋中。

相框

你可以选择一张 A4 的纸作材料，用这种规格的纸做出来的相框可以放一张 15 厘米 ×10 厘米大小的照片。另外，你选择的纸张最好是坚硬的羊皮纸，并且要把有图案的那面朝下，这样图案就能出现在相框的 4 个角上。

❶先做一个对折，使两条短边重合。

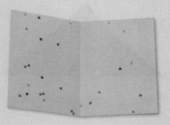

❷再做一次对折，这样纸张就被分为 4 份，然后展开这一步。调整纸张位置，使第 1 步完成的折痕位于顶边位置。

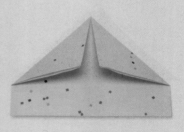

❸把上面的两个外角往下折，使本来的顶边和竖直的中心折痕重合。

❹把第 3 步的两个纸片打开并做内翻折。

❺把底边尽可能往上折，使新的折痕连接两个外角。在背面重复一样的折叠。

❻展开第 5 步的折叠，把顶角往下折，使它的顶端和上一步完成的折痕重合。

 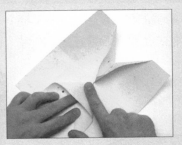 

❼用手捏住整个作品的单层纸，同时保持第6步折成的小三角形不变，打开作品的两个外层纸片。

❽打开后的作品并不完全平坦，你必须把中间的部分压平，使之形成两个三角形。

❾如图为第8步完成后的形状，其中间部分看上去像是领结。

❿利用第5步折成的折痕，把外边往里面折。

⓫如图在纸的中心位置放上照片，这时候你可以看见四周有4个超出的小纸片。把这4个小纸片往里折，盖住照片的边缘。

⓬如图为第11步完成后的形状。

⓭把照片拉出来，然后重新插入4个新出现的角中，如图所示。

⓮在相框的背面有一个三角形的纸片，把它以一个合适的角度打开，相框就能"站立"了。如图就是完成后的相框。

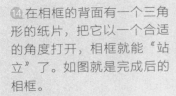 

心形杯垫

这里要介绍的是特别受人喜爱的具有创造性的心形杯垫。你需要选用两张表面光滑的方形纸张，最好是平的金属箔片，而且两张的颜色要不一样：比如红色和粉色就很好。开始的时候使作杯垫外面颜色的那一面朝下。

❶把第 1 张方形纸对折，使底边和顶边重合，接着展开，形成一条水平的中心折痕。然后把上下两条边折向这条中心折痕。

❷翻到反面。把左边的两个外角往里折，使本来的竖直边和水平的中心线重合。

❸展开第 2 步的折叠。

④把左边的纸片往右折，形成一条新折痕，折痕接连第2步完成的两条折痕和底边与顶边的交点。

⑤如图用手按住第4步完成的部分不动，把其中一个自由角往下拉。

⑥把上一步拉出来的纸片压平成尖角。在另一个角上重复一样的折叠。

⑦在作品的另一端重复第2～6步的操作。

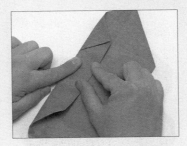

⑧翻到反面，把顶边往下折，使它和水平的中心折痕重合，这一步只要轻轻捏出折痕即可。

⑨在底边上重复第8步的折叠。展开第8～9步的折叠。

⑩把两条外边都往里折，使它们分别和第8～9步捏出来的折痕重合。

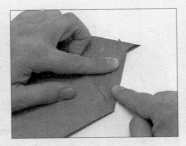

⑪接下来的第11～16步都是在外角上完成的，在剩下的3个角上重复一样的折叠。首先把右下角的外边尽可能地往里折，形成一条和外边平行的折痕，折痕要和底边上的角相接成一条直线。

⑫把尖角往下交叠，使短的顶边和第10步折成的长条边重合。

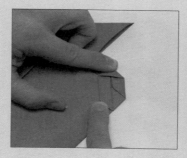

⑬ 用一只手按住这个大的三角形，另一只手把三角形上窄的条往回折，使它如图和窄条的下半部分相靠。然后你需要把新的小三角形压平，这个部分将会用来形成心形的棱角。

⑭ 如图为第 13 步完成后的形状。

⑮ 最后，把第 13 步折叠后的尖角插到竖直的长边下，这样就可以扣住这个窄条。

⑯ 如图为第 15 步完成后的形状。

⑰ 在剩下的 3 个角上重复第 11 ~ 16 步的操作。翻到背面。

⑱ 用另外一张方形纸再折一个相同的部分。最后，你可以看到两个心形的尖角是相对着的。把其中一个尖角拉起来，然后把另外一个边插到这个尖角下面。

⑲ 在另一边重复一样的操作，使 4 个心形按次序排列在一起。

⑳ 图为完成后的心形杯垫。

下篇

串珠

造型百变好学易懂

第一章
串珠基础知识

如今，串珠已经完全融入了大众的生活之中，既成为一门艺术，又可陶冶情操，还可以将制作出来的精美饰品装饰自己。本篇主要介绍串珠的基本材料、配件、线材、工具，此外还有各种工具和配件的使用方法、窍门，以及各类串珠造型的基本串法。让每个串珠爱好者在进入串珠世界之前，都能更充分地了解串珠，从而真正地爱上串珠，将一粒粒的珠子串成漂亮时尚又可爱的饰品。

串珠常用的珠子

水晶珠（人工水晶、紫晶石）

米珠

木珠

车轮珠、菱珠

糖果珠

亚克力珠

软陶珠

管珠

景泰蓝珠

瓷珠

藏银珠

金属珠

藏饰珠

塑料珠

碎石

结晶珠

猫眼石

人工珍珠

贝壳片

琉璃珠

绿松石

玛瑙珠

隔钻

串珠常用的线材

线质弹力线：直径较粗，弹性好，适合串佛珠手钏等饰品。

实色弹力线：实色，呈扁状，由很多细线组合而成，相对来说弹性较好。但是长期与珠子相互摩擦，就很容易断，尤其是串水晶、玻璃类珠子时。

鱼丝弹力线：完全透明，呈圆形，外形和用法类似鱼线，不过比鱼线少了些弹力，虽然这种弹力线的弹力较为一般，但却不易断。

鱼线：一种透明的线，非常结实，不过打结的时候需要特别注意，因为鱼线表面光滑，如果结未打好，容易松开，一般宜与包扣、定位珠搭配使用。主要用于花样串珠。

玉线：常用于手链的制作，有不同直径大小，结实不易断。

麻绳：不常用，绳子本身特色突出，适合制作民族风、森林系饰品。

铜线：质地较软，既可做造型串珠，也可串手链、项链。

扁皮绳：不常用，绳子本身特色突出，适合制作民族风饰品。

棉绳：这类线材在串珠中使用不多，不过有其独到的一面，是其他线无法替代的。这类线相对较软，适合一些有垂坠质感的串珠饰品，效果是弹力线和鱼线达不到的。

蕾丝：不常用，可做饰品花边装饰用。

蜡绳：不常用，绳子本身特色突出，适合制作古朴、民族风饰品。

绸带：不常用，可缠绕发簪或发卡，也可编制成结，做装饰物。

丝带：作用同绸带，不常用。

串珠常用的工具

圆嘴钳：这种钳子可夹出漂亮的圆形，一般多用于夹9针、T针、包扣等。

尖嘴钳：用来将定位珠夹扁，把弯了的金属线或者针夹直。

剪钳：用来剪断一些较细的金属线，不可用来剪钢圈。

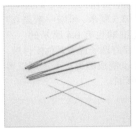

串珠针：串珠时使用，有些线较软，直接用来串珠会有一定的难度，就要借助串珠针。

镊子：用来夹一些小配件，粘钻或者粘小东西时也会用到。

软尺：测量串珠所需线材或金属链的长度。

万能胶：辅助用，不适合粘钻类，粘出来边缘泛白，一般用来打底用。

打火机：剪去多余绳子后，用来烧粘绳头，以固定。

热熔枪和热熔胶棒：热熔胶棒适用于粘布料类，配合热熔枪使用。

剪刀：用来剪线和绳子等。

指甲刀：剪断绳子和线材等，不是必需品。

美工刀：不常用，不过有备最好，可以后期加工像软陶一类的东西，让其使用时更加方便。

串珠盒：不算是必需品，但可以帮助你把易丢失的小配件收集整理好。

米珠盒：作用同串珠盒，专门放置体积较小的米珠。

串珠常用的配件

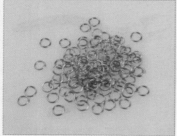

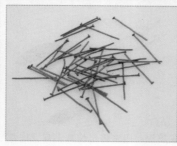

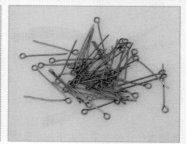

单圈：分为 O 形环或 C 型环，也有多种型号，一般常用的直径为 4 毫米、6 毫米，有连接两个配件的作用。

T 针：呈"T"字形，一头为针状，一头为平底，有多种规格，常用长度是 2.2 厘米、2.8 厘米、3.5 厘米，粗细一般是 0.7 厘米，超细的也有 0.4 厘米的，一般在上面串好珠子，挂在饰品的最下端。

9 针：呈"9"字形，一头圆一头尖，有各种规格，常用长度是 2.2 厘米、2.8 厘米、3.5 厘米，粗细一般是 0.7 厘米，超细的也有 0.4 厘米的，一般在中间串好珠子或者其他配件后，把另一头也绕成圆形，上下可以再连接其他配件。

圆头大头针：一头为针状，一头为实心圆球，同 T 针，串好珠子后，放在饰品的最下端。

贝壳扣：包扣（用在珠链或绳子结尾的连接点上的常见金属配件，分为贝壳扣、珠链扣、舌头扣等几种）的一种，先在线上穿入一个定位珠，再让包扣将定位珠含住，将包扣闭合，然后用钳子将包扣自带的钩子弯成圆形即可。

定位珠：在珠子两端各夹上一个定位珠，用钳子将其夹扁，防止脱落。

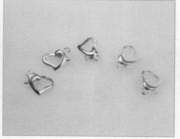

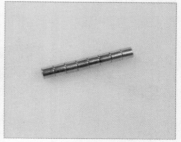

双孔片：常与龙虾扣、弹簧扣等搭配使用，连接项链、手链两端。

链扣：主要用于项链及手链等的接口处，与单圈结合使用。链扣又分普通链扣（龙虾扣、弹簧扣、IQ 扣等）和花式链扣。

磁扣：有磁力的链扣，不常用。

IQ 扣：只适用于手链的制作。

W 扣：花式链扣的一种，常用于项链的制作，与延长链搭配使用。

按扣：不常用，适用于项链的制作。

八字扣：链扣的一种，不常用。

夹片：用来连接两种不同材质的串珠材料。也常用于手链、发饰的结尾，防止脱落。

绳头：常用于皮绳、蜡绳编制的手链、项链结尾。

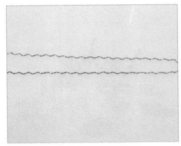

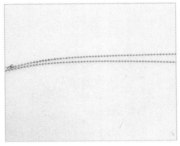

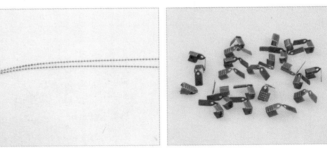

无孔链：分为波波链、珠节链、金丝链等。链上没有明显的孔状，不能在上面直接使用单圈、9 针、T 针等。无孔链在与链扣连接时需要借助其他配件，如波波链、珠节链要配合贝壳扣使用，而金丝链要配合钢丝扣、夹片或者包扣使用。

舌头扣：包扣的一种，有很好的固定作用。

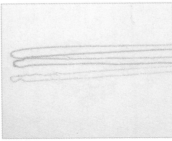

有孔链：有孔链有 O 圈链、调节链、8 字链、51 母子链等几种，这类型的链上面有明显的孔状，可直接用单圈、9 针、T 针在链上面做造型，用来挂一些珠子、小配件等。

马仔扣：包扣的一种，适用于直径较粗的线材。

耳钩：做耳环所用，耳钩本身也分很多不同的款式。

耳塞：与耳钉搭配使用，防止耳钉从耳朵上脱落。

螺丝耳夹：适合没有穿耳洞的MM，耳夹一般常用的有普通耳夹、弹力耳夹、螺丝耳夹，螺丝耳夹最好用，可以自由调节松紧度，不会伤害到耳朵。

耳圈：制作耳环所用，可以直接在其上串珠。

耳钉：制作耳环所用。

戒托：制作戒指所需要用的底托，戒托的款式各种各样，一般在粘合戒托与装饰时，宜用热能胶。

花托（酒杯花托、镂空花托）：既有固定珠子的作用，也有装饰的作用。

金属配件：作为串珠的装饰之用。

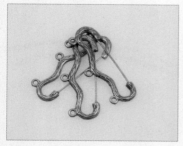

胸针：制作胸针所用，一般在粘合上面的装饰时，宜用热能胶。

龙虾扣：最常用的链扣，适合于手链、项链等的制作。

弹簧扣：常用的链扣之一，适合于手链、项链的制作。

珠腰扣：链扣的一种，常与无孔延长链搭配使用。

花生扣：链扣的一种，不常用，多用于项链的制作。

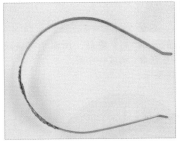

瓜子扣：常用于吊坠等饰物的连接。

发卡：可在其上串珠或贴钻进行装饰。

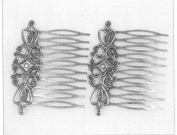

发梳：可在其上串珠或贴钻进行装饰。

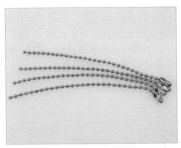

延长链：用在手链或项链的最末端，用来调节长度。分为两种：一种带孔，一种无孔。带孔的与弹簧扣、龙虾扣搭配使用；无孔的与珠腰扣搭配使用。

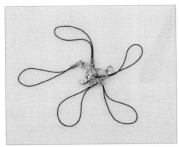

手机链绳：串手机挂饰所用的配件。

水滴：作装饰用，一般在有孔延长链的末端。

钢丝项圈：做项链用，可直接在上串珠。

记忆钢圈：可根据需要将其弯成各种长度和造型，项链、手链均可。

串珠的基本技巧

单圈的使用方法：　　**9 针的使用方法：**

先用钳子将单圈拉开，使其开口成上下交错状，这样可以保证单圈不变形。

❶ 将9针从珠子中间穿过。

❷ 用钳子将 9 针的一端剪到合适的长度，并在靠近珠子处的 9 针一端掰弯。

❸ 最后，用钳子将该端弯成一个圆。

T 针的使用方法：

T 针的使用方法和 9 针的使用方法相似。

注意

用钳子在 T 针或 9 针一端绕圈时，让钳子夹住针的一端即可，不要用力过大，或夹的位置过近，这样才能弯出完美的圆。

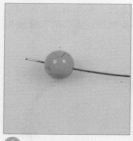

❶ 将T针从珠子中间穿过。

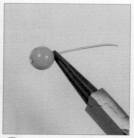

❷ 用钳子将 T 针的一端剪到合适的长度，并在靠近珠子处的 T 针一端掰弯。

❸ 然后，用钳子将该端弯成一个圆。

❹ 最后，再用钳子将 T 针一端弯成一个圆圈（圆圈的大小可以根据需要而定。）

花托的使用方法：

将珠子串入线内，然后在珠子两边各串入一个花托，让花托完全与珠子贴合，如需固定，可在花托后各串入一个定位珠。

串珠的基本造型

四边珠形：

 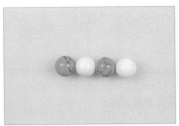 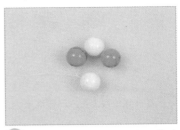

1 在一根鱼线上串入 3 颗珠子。

2 然后，再串入一颗珠子。

3 让两边的鱼线在最后串入的珠子内交叉穿过。

4 将线拉紧，四颗珠子成一个四边形。

5 在左右两边的鱼线上各串入一颗珠子。

6 同第 3 步，串入一颗珠子，让两边的鱼线从其中交叉穿过。

7 将两边的鱼线向左右拉紧。

 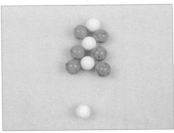 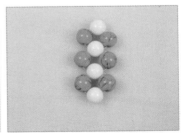

8 继续在左右两边的鱼线上各串入一颗珠子。

9 重复第 6 步。

10 将鱼线向左右拉紧。

11 重复第 8 步。

12 左右两边的鱼线从第一颗白色珠子中间交叉穿过。

13 然后将线拉紧，一个四边球形就成型了。

14 最后将鱼线打结，剪去多余部分即可。

三边球形：

1 在一根鱼线上串入三颗珠子。

2 然后，再串入一颗珠子。

3 让两边的鱼线在最后串入的珠子内交叉穿过。

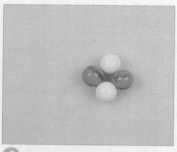

4 将线拉紧，四颗珠子成一个四边形。

5 在左右两边的鱼线上各串入一颗珠子。

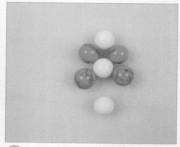

6 串入一颗珠子，让两边的鱼线从串入的珠子中交叉穿过。

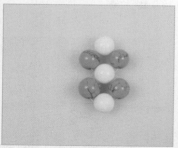

7 将鱼线向左右两边拉紧。

8 在左右两边的鱼线上各串入一颗珠子。

9 左右两边的鱼线从第一颗白色珠子中间交叉穿过。

10 然后将鱼线拉紧，一个三边球形就出来了。

11 最后，将鱼线打一个死结，剪去多余线材即可。

圆形结：

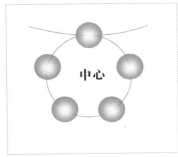

1 先在一根线上串入 5 颗珠子，让线的两端在最后一颗珠子内交叉穿过，最后一颗珠子作为中心。

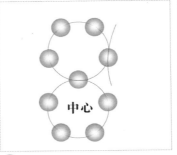

2 在左边的线上串入 4 颗珠子，然后让线的两端在最后一颗珠子内交叉穿过。

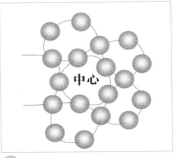

3 右边的线穿过中心的 1 颗珠子。左边的线串入 3 颗珠子，右边的线穿过左边的线所串的最后 1 颗珠子。此步骤重复 2 次。

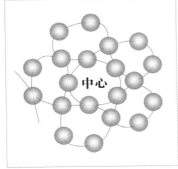

4 右边的线同时穿过中心的 1 颗珠子和第 2 步中的 1 颗珠子，然后再串入 2 颗珠子，右边的线和左边的线对穿第 1 颗珠即成半圆球形。

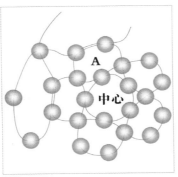

5 左线串入 3 颗珠子，右线穿过第 4 步中的倒数第 3 颗珠子，然后穿过左线所串的最后一颗珠子。最后右线再串过 A 处的 2 颗珠子。

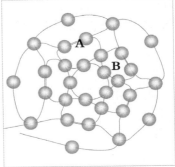

6 左线串入 2 颗珠子，右线穿过左线上的最后一颗珠子，此步骤重复 3 次。最后将线拉紧，然后打结，将线头藏入珠子内。

如何给弹力线打结：

弹力线较粗，有弹性，不易打结，而且打好结容易松开，下面方法能够帮助你打一个牢靠的死结。

1 先将一串珠子串入弹力线内。

2 将两端的线打一个单结。

3 然后，在打好的第一个单结上，再打一个单结。

④ 打好后，将一端的弹力线串入旁边的珠子内。

⑤ 最后，将珠子向左右两侧拉紧，然后慢慢调整弹力线的长短和位置，将打好的结藏入珠子内。

注意

如果珠子的孔较大，可以在珠子内里或弹力线上涂上一些胶水。

串珠饰品色彩搭配

单色搭配：整个饰品只用一种颜色的珠子进行搭配，这是最简单的搭配方法。

银色配件的搭配：银色是很常见的颜色，属于高亮的浅色系，它既能搭配出时尚的感觉，又能搭配出波西米亚的味道。

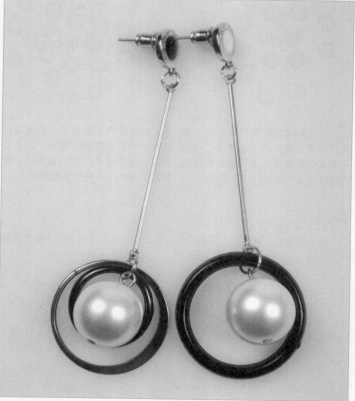

百搭色搭配：有些颜色，如白色、黑色，可以和任何颜色搭配，都能取到很好的效果。

渐变色搭配：两种或两种以上颜色时，可以让颜色由浅到深或由深到浅进行搭配，也可以利用对比色进行搭配，具体操作可根据个人喜好而定。

同色系搭配：两种相似的颜色在一起，如草绿＋黄绿，就是同色系搭配，两种颜色相似，却又有着明显的深浅。

金色配件的搭配：金色是常用的金属配件三种颜色中最高贵的一种。金色属于比较抢眼的颜色，它与深色、浅色搭配都能得到很好的效果。

古铜色配件的搭配：古铜色是一种深具韵味的颜色，它的风格偏向于古典和怀旧，绿松是它的最佳搭档。

串珠所需线量的计算方法

所用珠子长度（厘米）× 所用珠子数量 ×2 + 30 厘米 = 所需线材的长度

例如：0.4 厘米 ×60 颗 ×2 + 30=78 厘米

第二章

手链

本篇主要介绍手链的串法，同时在色彩搭配、材料选择上提供专业的建议和参考。每个串珠爱好者都能够创作出适合自己的串珠饰品。只要将珠子、软陶、金属链、丝带等各类配件结合在一起，就能制作出在视觉上给人以惊喜的精美手链。在进行创作的过程中不要忘记色彩搭配的重要性。

醍 醐
- - - - - - - - - -

材料：6颗水滴形珠，72颗小菱形珠

配件：3根透明弹力线（各长约18厘米）

制作步骤

① 取 1 颗水滴形珠，让其穿过 3 根弹力线。

② 在水滴形珠两侧的线上各串入 4 颗小菱形珠，每颗小菱形珠同时穿过 3 根弹力线。

③ 在步骤 ② 完成的部分之后，各串入 1 颗水滴形珠。

④ 重复以上步骤，将珠子全部串完。完成后，将弹力线打结，剪去多余部分，将结藏入珠子内即可。

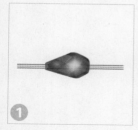

①

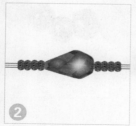

②

③

④

天使之翼

材料：7颗绿松石，2个隔钻，2个藏银饰物，42颗米珠

配件：1个龙虾扣，1个单圈，1根延长链，4个夹片，1根软铁丝（长约20厘米）

制作步骤

❶在铁丝中央按照图❶中顺序串珠。

❷手链的中心部分完成后，如图❷所示，开始向两侧对称串珠。

❸最后，在铁丝一端串入龙虾扣，再用2个夹片将其夹紧；铁丝另一端先用2个夹片夹紧，再套入单圈，然后将延长链连接其上。

冰晶

材料：23颗透明珠，46颗蓝色珠

配件：2根浅绿色弹力线（长约25厘米）

制作步骤

1 取一颗大珠子，将两根弹力线同时穿过其中。

2 如图❷两根线在大珠子内交叉，然后两根线分别向珠子两侧继续串珠。

3 取两颗小珠子，分别串入左侧的两根弹力线上。

4 再取一颗大珠子放在左侧，两根弹力线交叉穿过其中。

5 重复以上步骤，将珠子全部串完，然后将两根线打死结，剪去多余部分后，藏入珠子内即可。也可以按照同样的串珠方法，从步骤❶的大珠子开始同时向两侧串珠。

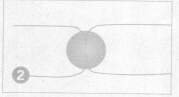

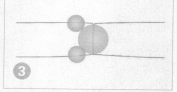

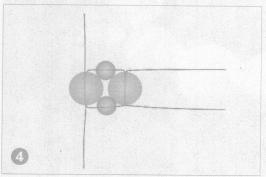

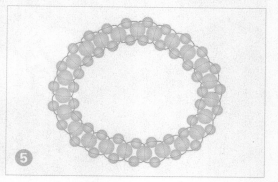

莲露

材料：32个叶子形铁片，2颗珍珠，4颗亚克力珠，1颗粉彩珠，1个长形坠饰

配件：20个单圈（16个大的，4个小的），7个9针，13个花托

制作步骤

①将16个大单圈分成两组，每组8个相套连。在每个单圈上串入2个"叶子"。

②将剩余的3个小单圈相套连，左右两个分别连上步骤①完成的2个大单圈链；在剩余的1个小单圈上串入长形坠饰，挂在中间的小单圈上，完成后如图②所示。

③按照图中珠子顺序，在9针上串入2个花托和1颗珍珠。此配件需完成2个。

④如图，在9针上串入2个花托和1颗亚克力珠，用钳子将9针的一头弯成圆圈。此配件需完成4个。

⑤将步骤③、④完成的配件，按照图⑤中所示的顺序串好，并与步骤②完成的部分相连。

⑥在1个9针上串入1个花托和1个粉彩珠，用钳子将9针的一端弯成圆圈，将其挂在延长链的一端。

⑦最后，将龙虾扣和延长链分别连在手链的两端（即两边亚克力珠的9针上）。

曙光

材料：14颗珍珠，12颗米珠，2个蝴蝶结饰物，1个纽扣形坠饰

配件：5个单圈，2根O圈链，1个龙虾扣，1根延长链，2根鱼线（各长约8厘米）

制作步骤

① 如图①，将珍珠和米珠分成两组，分别串入两根鱼线上。

② 串好后，将两根鱼线的两端分别穿入蝴蝶结下方的孔里，然后用万能胶将二者粘牢。

③ 用单圈将O圈链连结到蝴蝶结上。

④ 最后，用1个单圈将龙虾扣连接到一边的O圈链上，再用1个单圈将纽扣形饰物串入另一边O圈链末端。

①

②

③

④

隽语

材料：12个金色梅花饰物

配件：2个金色绳头，3个单圈（2个大的，1个小的），1个龙虾扣，1根延长链，1个水滴，4根皮绳（各长约20厘米）

制作步骤

① 在每根皮绳上串入3个"梅花"。

② 串好后，将4根皮绳的两端分别用一个绳头包住，用热熔胶将其粘牢。

③ 分别用2个大的单圈将龙虾扣和延长链连接到绳头上。最后，再用一个小的单圈将水滴连接到延长链的另一端。

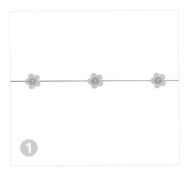

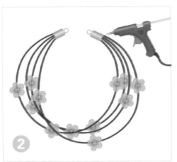

潇湘水云

材料：8颗珊瑚珠（3颗大的，5颗小的），1个铃铛，21颗金属珠（11个椭圆形的，10个圆形的），5个藏银饰物（2个鱼形，3个带孔管珠）

配件：3个T针，4个夹片，1个龙虾扣，1根延长链，1根软铁丝（长约25厘米）

制作步骤

① 在每个T针上串入一颗大珊瑚珠，用钳子将T针的一端弯成圆圈。此配件需完成3个（配件1）。

② 将配件1分别串入3个带孔管珠上。

③ 将铃铛串入延长链的一端。

④ 按照图④中所示的珠子的顺序，开始串珠。

⑤ 串好后，将龙虾扣和延长链分别串入铁丝的两端，然后分别用2个夹片将其夹紧。

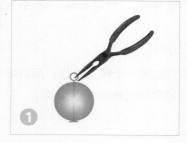

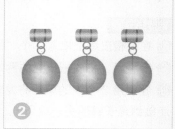

燕呢喃

材料： 2条古铜色金属链，4条金属链，1条钻链，45颗珍珠（其中44颗小的，1颗大的），3条白色雪纺丝带（各长约20厘米）

配件： 1个龙虾扣，1个T针，2个铜绳头，2个单圈，1根鱼线（长约20厘米）

制作步骤

① 将44颗小珍珠串入玉线，制成珍珠链，备用。

② 将1颗大珍珠串入T针，用钳子将T针的一端弯成圆圈，套在延长链的一端。

③ 2条古铜链为一组，3条金属链和1条珍珠链为一组，1条钻链和1条金属链为一组，每组分别用雪纺丝带包住。两端用热熔胶粘牢。包好后，开始编三股辫。

④ 编好三股辫后，将辫子的两端分别套入绳头（用热熔胶将辫子与绳头粘连）。

⑤ 用单圈将龙虾扣和延长链分别连在两个绳头上。

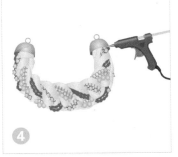

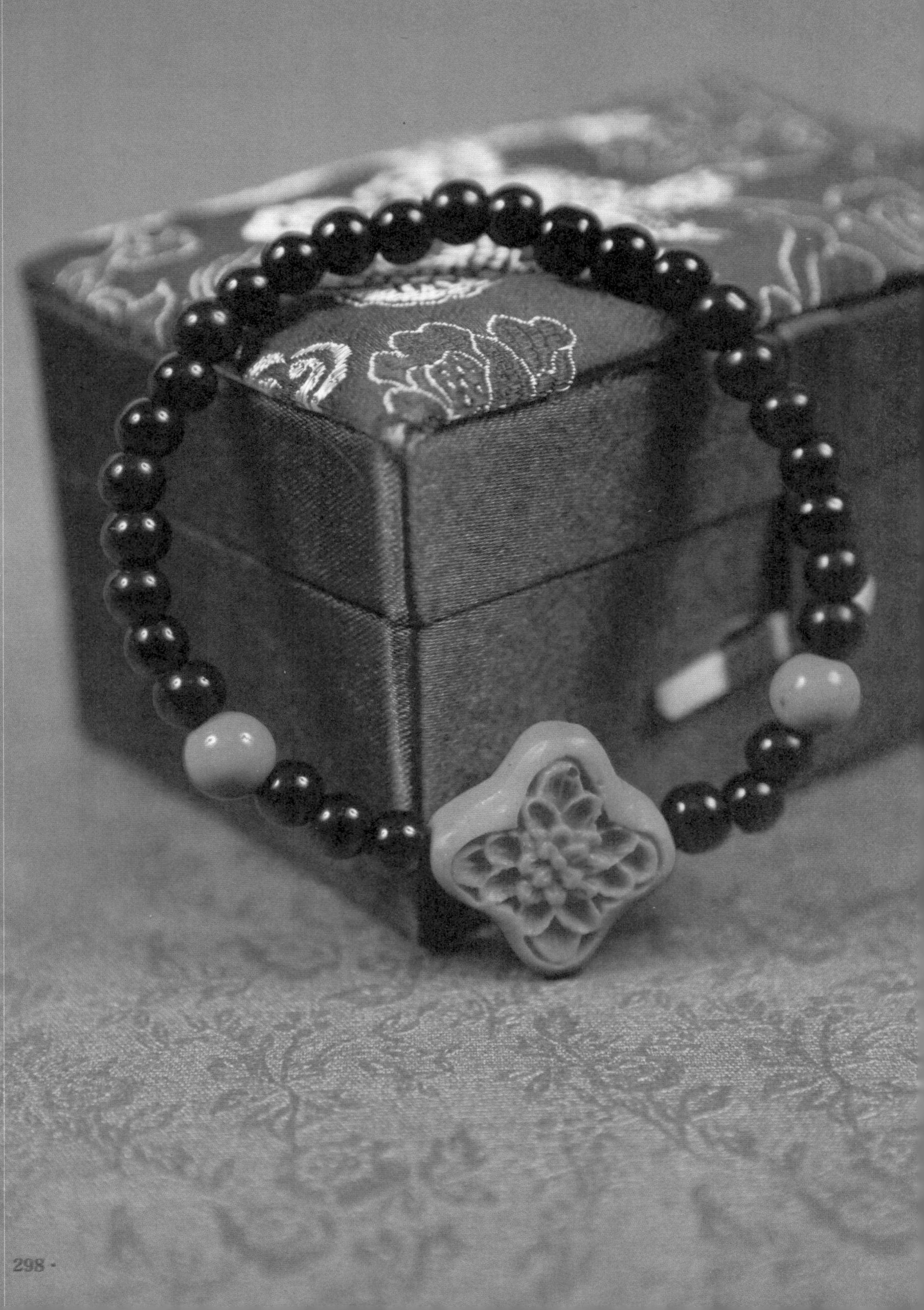

未央

材料：30颗黑色小珠，2颗红色大珠，1个漆木饰物

配件：1根实色弹力线（长约20厘米）

制作步骤

1 先将漆木饰物串入弹力线的中央。

2 在漆木饰物两侧分别串入3颗黑珠。

3 在两侧的3颗黑珠后面各串入1颗红珠。

4 将剩余的黑珠对称地串入两侧。

5 最后，将弹力线打一个死结，剪去多余的部分，即成。

望舒

材料： 3个菱形贝壳片，2个古铜花，6颗金属珠，2个绒布弯管

配件： 1根软铁丝（长约20厘米），4个夹片，1个单圈，1个龙虾扣，1根延长链，4个绳头

制作步骤

① 先串入1个贝壳片，在其两侧分别串入1颗金属珠、1个古铜花和1颗金属珠。

② 如图，在步骤①完成部分的两侧分别穿入1个贝壳片和1颗金属珠。

③ 在两侧分别串入1个弯管，在弯管的两端各安上一个绳头，手链主体部分完成。

④ 最后，用2个夹片将铁丝一端夹紧，用1个单圈将延长链连接到这一端，再将龙虾扣串入另一端的铁丝，然后用2个夹片将铁丝夹紧，固定龙虾扣。

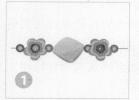
①

②

③

④

女儿红
- - - - - - -

材料：38颗瓷珠，2个藏银管，6个彩石片，13颗红珠（其中10颗小的，3颗大的），5个藏银花饰（其中2个小的，3个大的）

配件：3个单圈，3个T针，4个夹片，1个龙虾扣，1根延长链，一根鱼线（长约20厘米）

制作步骤

①在每个大的藏银花饰上装上1个单圈。此配件需完成3个（配件1）。

②在3颗大红珠上串入T针。此配件需完成3个（配件2）。

③如图3-1、3-2所示，用钳子将T针的一头掰弯，使其能够挂在大的藏银花饰中央。

④按图中顺序串完手链主体部分。

⑤最后，各用2个夹片将手链的两端夹紧固定，分别装上龙虾扣和延长链。

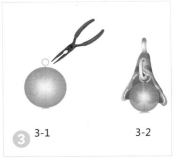
3-1   3-2

若即若离

材料：11颗珠子（其中3颗大的，8颗小的），2个花托，8个藏银管，6颗金属珠

配件：1个龙虾扣，1个单圈，1根延长链，4个夹片，1根鱼线（长约20厘米）

制作步骤

① 在鱼线中央串入3颗大珠子，两端分别串入1个花托。

② 在花托两端各串入1个金属珠。

③ 在金属珠的两端分别以1颗小珠子、1个藏银管的顺序串珠。

④ 步骤③完成后，在结尾的两端分别串入2颗金属珠，并各用2个夹片夹紧固定。

⑤ 最后，将龙虾扣和延长链串入，即成。

忘川

材料：36颗米珠（28颗小的，8颗大的），3颗藏银珠，5颗碎石

配件：1个单圈，1个龙虾扣，1根延长链，4个夹片，1根软铁丝

制作步骤

①将藏银珠和碎石串入铁丝的中央，每个藏银珠和碎石之间串入一颗大米珠。

②在步骤①完成的部分两边串入小米珠（可根据需要确定米珠数量）。

③珠子串好后，将龙虾扣串入铁丝一端的末尾，然后用2个夹片将铁丝夹紧固定。

④再用2个夹片将铁丝的另一端也夹紧固定，然后套入1个单圈，再串入延长链即可。

千日醉

材料：7颗玛瑙珠，9颗金属珠，2个弯管，2个隔圈，一套酒壶型饰品

配件：1个单圈，1个龙虾扣，1条延长线，1根软铁丝（长约20厘米），4个夹片

制作步骤

① 如图①，用1颗金属珠、1颗玛瑙珠和一套酒壶型饰品搭配完成手链的中心部分。

② 在"酒壶"两侧，分别串入玛瑙珠和隔圈。

③ 继续串入金属珠和玛瑙珠。

④ 将弯管和金属珠串入鱼线，手链的主体部分就完成了。

⑤ 最后，用2个夹片将软铁丝夹紧，用1个单圈将延长链串入铁丝的一端，将龙虾扣直接串在铁丝上，再用2个夹片将其夹紧。

眠空

材料：215颗黑檀木珠，1颗三通珠，1个佛塔，1套坠饰，16颗弟子珠

配件：1根弹力绳（长约220厘米）

制作步骤

1 将215颗黑檀木珠串入弹力绳。

2 完成步骤1后，将三通珠串入，并打一个死结，将结藏入三通珠内。

3 将坠饰顶端的线打一个结，再串入佛塔，然后将线串入三通珠内，打一个结固定。

4 在坠饰末尾的两根线上分别串入8颗弟子珠。

5 在弟子珠的下方各打一个凤尾结。

1

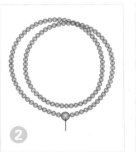

2

3

4

5

罗浮春

材料： 10颗不规则玛瑙珠，2个藏银管，16颗金属珠，9颗红色珠子，2个藏饰

配件： 1个龙虾扣，1根延长链，1个单圈，4个夹片，1根软铁丝（长约20厘米）

制作步骤

❶ 按照图❶珠子的排列顺序，将珠子串入铁丝的中央。

❷ 串好手链的中心部分后，按照图❷的顺序，继续向两侧对称串珠。

❸ 最后，将龙虾扣串入铁丝的一端，然后用2个夹片将其夹紧固定；铁丝的另一端先用2个夹片夹紧固定，然后串入1个单圈，将延长链连接上即可。

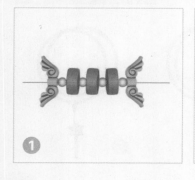

洁白的花

材料: 米珠（数量根据其形状大小而定，约1700颗）

配件: 17根铁丝（其中15根长约20厘米，2根长约5厘米）

制作步骤

① 在15根长铁丝上串入米珠。

② 串好后，用钳子将铁丝的两端弯成圆圈。

③ 将15根铁丝分成三组。按照图❸所示的交叉方式，将三组铁丝串入两根短铁丝上，每根长铁丝之间用一颗米珠相隔。

④ 串好后，将两根短铁丝的两端用钳子弯成圆圈，以免珠子脱落，并调整整体形状，使其适合佩戴。

聆听温暖

材料：7颗鱼形漆木珠，14颗黑珠
配件：1根实色弹力线（长约20厘米）

制作步骤

❶ 以1颗鱼形漆木珠、2颗黑珠的顺序开始串珠。

❷ 完成手链的主体部分后，将弹力线打一个死结，剪去多余部分，将结藏入珠子内，即成。

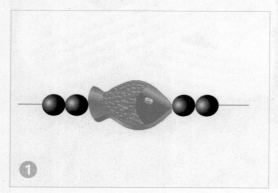

流光

材料：13个金色铃铛，147颗米珠，1颗木珠

配件：2根B玉线（各长约20厘米），1根金色A玉线（长约10厘米）

制作步骤

1 将两根B玉线合并，将其一端用金色玉线缠绕约4厘米，缠好后，向内折成一个圈，再用金色玉线缠绕一小段，将其固定。

2 在两根B玉线上分别串珠，一根只串入米珠，另一根每串入5颗米珠，串入1个铃铛。

3 串好后，再取一小段金色玉线将两根B玉线缠在一起。

4 缠好后，将木珠串入，用打火机将线头烧粘，将木珠固定。

蓝色心情

材料：14颗绿松石（其中6颗大的，2颗中的，6颗小的），8个彩石片，6颗小瓷珠，4颗金属珠，2个藏银管，5个隔钻

配件：1根延长链，1个龙虾扣，1个单圈，4个夹片，1根鱼线（长约20厘米）

制作步骤

① 以1颗大珠子、1个隔钻的顺序将手链的中心部位串好。

② 串好后，在两端各加入1颗金属珠、2个圆石片、1颗中珠子、2个圆石片。

③ 在彩石片后，以1颗金属珠、1个藏银管、1颗金属珠、一颗绿松石、1颗黑色瓷珠的顺序继续串珠。

④ 串至最后，在鱼线的两端分别用2个夹片将其固定，并用1个单圈将龙虾扣和延长链连接好。

①

②

③

④

采心

材料：约24个彩色碎石，10颗金属珠，6个弯管，6个藏银管

配件：1个单圈，1个龙虾扣，1根延长链，3根软铁丝（各长约20厘米），4个夹片

制作步骤

1 将碎石分成三部分，分别串入3根铁丝上。

2 在串好的碎石两侧各串入一颗金属珠（1颗金属珠同时穿过3根铁丝）。

3 在两侧的3根铁丝上各串入1个藏银管。

4 重复步骤2，用1颗金属珠串3根铁丝。

5 在两侧的3根铁丝上各串入1个弯管。

6 同步骤2和4，在两侧的3根铁丝上分别串入3颗金属珠。最后，铁丝一端穿入龙虾扣，然后用2个夹片将其夹紧固定；另一端先用2个夹片夹紧固定，然后，用1个单圈将延长链连接上，即可。

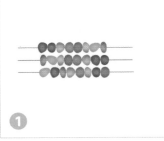

①

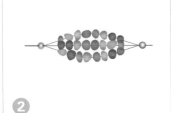

②

③

④

⑤

⑥

林中笛

材料：3个铃铛（2个小的，1个大的），2个叶子形坠饰，6颗亚克力珠子，3颗红色塑料珠，4颗红色管珠，4颗金属管珠，14颗金属珠，8个藏饰（4个带圈，2个圆形，2个花托形）

配件：6个单圈，1根软铁丝（长约40厘米），1个龙虾扣，1根延长链，4个夹片

制作步骤

❶ 用单圈将叶子和小铃铛分别串入4个单圈藏饰上（配件1）。

❷ 按照图❷的顺序，将珠子串入软铁丝上。

❸ 串好后，按照图❸的顺序，用剩余的珠子向两侧对称串珠。

❹ 串好后，将龙虾扣串入铁丝一端，然后分别用2个夹片将其夹紧固定。

❺ 将2个单圈相套连，串入铁丝另一端，将大铃铛和延长链串入。

沧海一笑

材料：5颗绿松石，4颗彩色碎石，2个花托，111颗米珠（米珠的数量可根据其大小而定）

配件：1个龙虾扣，1个单圈，2个单孔夹片，3根鱼线（各长约20厘米）

制作步骤

❶ 按照图❶珠子的顺序，将珠子一齐串入3根鱼线。

❷ 如图❷，完成步骤❶后，用3根鱼线各自串珠（每根鱼线上串入米珠的数量可自行设定）。

❸ 两端各用1颗绿松石串入3根鱼线。

❹ 重复步骤❸，3根鱼线各自串珠。

❺ 将所有的珠子串完后，将3根鱼线的两端各用1个单孔夹片将其夹紧，然后用1个单圈将龙虾扣和延长链串入。

琉璃醉

材料： 29颗琉璃珠，1个琉璃饰物，1个中国结饰物，一个流苏

配件： 1根6号线（长约30厘米）

制作步骤

❶ 将流苏串入中国结下方，打结固定。

❷ 在6号线上串入所有的琉璃珠（先串入28颗，最后将线的两端同时串入剩余的1颗。）

❸ 将琉璃饰物串入珠子下方，打结固定。

❹ 最后，将步骤❶做好的中国结流苏串入琉璃饰物的下方。

想拥有一款精巧美丽且百搭的项链吗？饰品店里出售的项链不够独特，很容易会和其他 MM "撞衫"，那么就跟着小编一起，动手做一款独一无二的项链吧！项链和手链是串珠饰品中最常见的部分，也是最能够表现串珠者想象力和品位的，所以本篇在项链的串法上为大家提供一些参考意见，希望大家能够有所受益。

城里的月光

材料：7颗缠金丝珍珠，1个
半圆形钻饰

配件：7个单圈，2个绳头，
1个龙虾扣，1根无孔链，2根
短金属链

制作步骤

❶ 取 3 个单圈相连成串，将
钻饰连接在其上方。

❷ 取 5 颗珍珠，相错挂在连
好的 3 个单圈上。

❸ 在每根金属链的一端，用 1
个单圈将一颗珍珠连接其上。
再取 1 个单圈将两根金属链的
另一端套在一起。

❹ 把步骤 ❸ 制作好的金属链
挂在连好的 3 个单圈下方。

❺ 将钻饰串入无孔链的中央。
在无孔链两端各安上一个绳
头和 1 个单圈。最后，将龙
虾扣串入其中 1 个单圈即可。

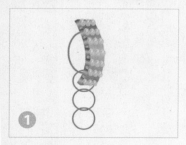

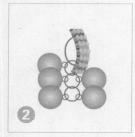 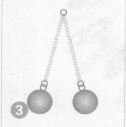 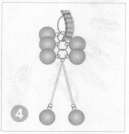 

问情

材料：16颗水晶珠，16个金属圈

配件：4个单圈，16个9针，4根短金属链，2根长金属链

制作步骤

① 在一个9针上串入一个金属圈、一颗水晶珠，用钳子将9针的一端弯成同样的圆圈。此配件需完成16个（配件1）。

② 取4个配件1，相连成串，并在其两端各套入1个单圈。

③ 如图③，将4根短金属链对折，串入步骤②完成部分下方。

④ 将剩余的配件1分成两组，分别串连成水晶链。

⑤ 将步骤④串好的水晶链，挂在步骤③水晶链上方的单圈上。

⑥ 最后，用单圈将两根长金属链连接到步骤④完成的两根水晶链上。

最是相思

材料：1个梅花形坠饰

配件：1个瓜子扣，1根鹿皮绳（长约80厘米），1根波波链（长约80厘米），2个夹片，3个单圈，1个龙虾扣，1根延长链，1个水滴

制作步骤

① 将鹿皮绳和波波链相叠，用夹片将二者的两端夹紧，固定。但要将鹿皮绳的两端折起，留出可穿过单圈的部分。

② 将瓜子扣穿入梅花形坠饰上端的小孔。

③ 如图③，将步骤②完成的部分串入鹿皮绳和波波链的中央。

④ 用单圈将水滴连接到延长链的一端。

⑤ 最后，用单圈将龙虾扣和延长链连接到项链的末尾。

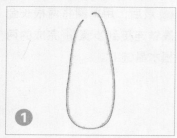
①

②

③

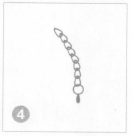
④

⑤

心若琉璃

材料： 5颗彩绘珠，77颗小水晶，47颗亚克力珠，4颗水滴形水晶珠，米珠若干颗

配件： 3根鱼线（2根短，一根长），1个夹片

制作步骤

1️⃣ 按照图❶所示的珠子顺序，在2根短鱼线上串入水晶珠、亚克力珠和米珠。

2️⃣ 将1根长玉线对折，穿过步骤❶串好的两条珠链的中央，并用夹片将鱼线夹紧，固定。

3️⃣ 在夹片上方串入1颗彩绘珠、3颗米珠、1颗水晶珠、3颗米珠、1颗水晶珠、3颗米珠、1颗水晶珠、3颗米珠。

4️⃣ 接着，将鱼线分成2根，分别串珠，1根串入1颗水晶珠，1根串入米珠和3颗亚克力珠，然后再合并起来串珠。

5️⃣ 按照图❺中珠子的顺序，将珠子串好。

6️⃣ 全部珠子串完后，将左侧末端的部分在开头的彩绘珠上方绕一个圈，使得左端能套在右端上，左端多出的鱼线在其上打结固定。

茶蘼

材料：6个贝壳片，17颗小珍珠，3颗大珍珠，1个金属铃铛

配件：20个T针，8个单圈，2根金属链（一长一短），1根延长链，1个龙虾扣

制作步骤

① 在一个T针上串入1颗小珍珠，用钳子将T针的一端弯成圆圈，此配件需完成17个（配件1）。

② 在一个T针上串入1颗大珍珠，用钳子将T针的一端弯成圆圈，此配件需完成3个（配件2）。

③ 在一个贝壳片上串入1个单圈，此配件需完成6个（配件3）。

④ 如图④，在短金属链上串入1个配件1，1个配件2和1个配件3，并在短金属链上方串入1个单圈。

⑤ 将步骤④完成的短金属链挂在长金属链的中央。并在短金属链和长金属链连接处串入1个配件1，1个配件2和1个配件3。

⑥ 按照图⑥中珠子的位置，以短金属链挂入的位置为中心，将珠子对称串入长金属链。

⑦ 最后，用单圈将龙虾扣和延长链分别连接到金属链的两端，再用1个单圈将金属铃铛连接到延长链的另一端。

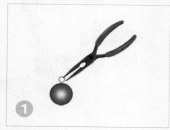

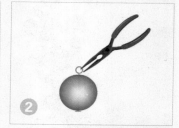

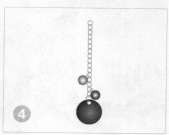

藏地情书

材料：6颗蓝色木珠（4颗小的，2颗大的），46颗棕色木珠（44颗大的，2颗小的），2颗蓝色糖果珠，6颗藏式珠（4颗小的，2颗长形的），1个绿松石藏饰，1个半月形藏饰，7个水滴形藏饰

配件：10个单圈（2个大的，8个小的），2根鱼线（各长约50厘米），1个龙虾扣

制作步骤

1 用小单圈将水滴藏饰连接到半月形藏饰上（配件1）。

2 用2个大单圈将配件1挂在绿松石藏饰上。

3 将龙虾扣串入1根鱼线的中央，以其为开头，按照图3的顺序向下串珠。

4 同步骤3，将1个单圈串入另一根鱼线中央，以其为开端，向下串珠，注意左右对称。

5 珠子串好后，将步骤2完成的配件串入中央。将两边的鱼线相系，绳头藏入中心配饰下方即可。

一样的月光

材料：3颗金属珠，1颗黑色水晶珠，1个花形坠饰，2个金属片（1个圆形，1个四叶草形）

配件：9个单圈，1个水滴，3个绳头，1个龙虾扣，1根延长链，2根8字调节链（长约5厘米和10厘米），3个长形单圈，1个花托，1个圆头大头针，2根皮绳（长约40厘米、85厘米）

制作步骤

❶ 在大头针上先串入一个花托，再串入一颗黑色水晶珠，并用钳子将一头弯成圆圈（配件1）。

❷ 在花朵坠饰后方串上两根8字调节链，并在底端用单圈将圆形金属片和配件1串好。

❸ 将3个长形单圈相连，并用1个单圈将其与四叶草连接。串好后，连接在步骤❷完成的"花朵"顶端。

❹ 将长皮绳对折后，串入3个金属珠；在其中央串入1个单圈，与步骤❷完成的"花朵"上的单圈相连。

❺ 在短皮绳的一端套入绳头，与步骤❸完成的"四叶草"相连。

❻ 用1个单圈将水滴连在延长链的末端。

❼ 最后，在两根皮绳的末端分别套上绳头，再各用1个单圈分别连上龙虾扣和延长链。

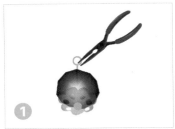

日月

材料： 78颗珍珠（16颗小的，62颗大的），1个蝴蝶结饰物

配件： 2个贝壳扣，1个龙虾扣，1根延长链，1根软铁丝（长约50厘米），18个圆头大头针，7个单圈

制作步骤

① 在一个大头针上串入一颗小珍珠，用钳子将大头针的一端弯成圆圈，此配件需完成16个（配件1）。

② 在一个大头针上串入一颗大珍珠，用钳子将大头针的一端弯成圆圈，此配件需完成2个（配件2）。

③ 取4个单圈，将其相套连成串，将16个配件1全部挂在其上，再将1个配件2挂在最下方。

④ 将步骤③完成的部分挂在蝴蝶结的下方。

⑤ 将蝴蝶结串入铁丝中央，开始在铁丝两侧对称串入全部的珍珠。

⑥ 将剩余的一个配件2串入延长链的一端。

⑦ 将全部的珍珠串好后，在铁丝两端各安上一个贝壳扣，再各串入1个单圈，将龙虾扣和延长链分别连接在单圈上即可。

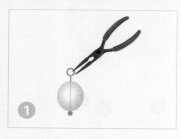
①

②

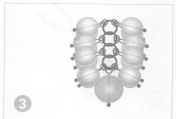
③

④

⑤

⑥

⑦

半夏

材料： 4个圆形钻饰，1个金属流苏

配件： 2根无孔链，6个单圈，1个龙虾扣，4个绳头

制作步骤

① 如图①，用单圈将 4 个圆形钻饰相串联。

② 步骤① 完成部分的最下方串入一个单圈，将流苏串入。

③ 将两根无孔链串入钻饰，一根从第一个钻饰中穿过，另一根从第二个钻饰中穿过。

④ 在每根无孔链的两端分别安上绳头。

⑤ 最后用 1 个单圈将绳头和龙虾扣连接。

午夜彩虹

材料：7个钻饰

配件：1根无孔链（长约60厘米），2个绳头，3个单圈，1个水滴，1个龙虾扣，1根延长链

制作步骤

① 按照图①中的顺序，将7个钻饰串入无孔链的中央。

② 将绳头安在无孔链的两端。

③ 用1个单圈将水滴连接到延长链的一端。

④ 最后，将两个绳头上各串入1个单圈，将龙虾扣和延长链连接其上即可。

①

②

③

④

笑口常开

材料：1个弥勒佛坠饰，若干颗米珠
配件：2根玉线（各长约120厘米）

制作步骤

1️⃣ 按照图❶中的珠子位置，分别在2根玉线上串入米珠。

2️⃣ 串好后，将2根米珠链合并，取一段玉线将弥勒佛挂在2根米珠链的中央。

3️⃣ 2根米珠链的末端玉线分别打3个单结，以防珠子脱落。

4️⃣ 将4根玉线合并，另取一段玉线，在4根玉线上打平结，将米珠链两端连接。

5️⃣ 最后，在4根玉线的尾端，各串入3黑1红4颗米珠，并打一个单结固定即可。

❶

❷

❸

❹

❺

渔火

材料：9颗绿松石珠，2个鱼形藏饰，184颗米珠（172颗小的，12颗大的）

配件：1个单圈，1个龙虾扣，1根延长链，4个夹片，1根鱼线（长约50厘米）

制作步骤

1️⃣ 如图❶，将大绿松石珠、大米珠和两个鱼形藏饰串入鱼线的中央。

2️⃣ 将剩余的绿松石珠和大米珠对称串入鱼线的两端。

3️⃣ 将全部的米珠串入鱼线的两侧。

4️⃣ 最后，将龙虾扣串入鱼线一端，然后用2个夹片将鱼线夹紧固定；另一端，先用夹片将鱼线夹紧固定，再串入单圈，将延长链连接其上。

❶

❷

❸

❹

悠悠岁月

材料：9个坠饰，2个金属珠

配件：10个单圈，2根绒绳（各长约40厘米）

制作步骤

1 如图❶，将9个坠饰用单圈相连接，完成项链主体。

2 将两根线分别对折，如图❷，穿过主体部分两端的单圈。

3 将两颗金属珠分别串入线内。

4 用夹片将绳头夹紧固定。

5 在两个夹片上用单圈将龙虾扣和延长链连接。

❶

❷

❸

❹

❺

女儿心思

材料：8个花朵钻饰，55颗珍珠

配件：2个单圈，1个龙虾扣，1根延长链，55个9针

制作步骤

① 在一个9针上串入一颗珍珠，用钳子将9针的一端弯成同样的圆圈。此配件需完成55个（配件1）。

② 如图②，将配件1相串联，按照图中位置，在其中穿插串入8个花朵钻饰。

③ 在串好的珠链两端各串入一个单圈，然后将龙虾扣和延长链分别连接到单圈上。

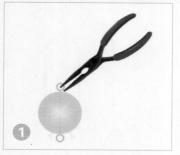

慕容雪

材料：5个天鹅绒饰物，42颗亚克力珠

配件：2个贝壳扣，2个单圈，1个龙虾扣，1根延长链，1根软铁丝（长约50厘米）

制作步骤

1. 如图①，将天鹅绒饰物串入铁丝中央，每个饰物中间串入1颗亚克力珠。

2. 串好后，将剩余的亚克力珠对称串入铁丝两侧。

3. 用贝壳扣将铁丝的两端包住。

4. 最后，在每个贝壳扣上串入1个单圈，然后分别将龙虾扣和延长链串入。

一泛绿波

材料： 100颗小水晶珠，4个隔钻，5颗翡翠，18个贝壳片，44颗大水晶珠，32颗小亚克力珠

配件： 4个夹片，2套磁扣，3根软铁丝（1根长40厘米，2根长50厘米）

制作步骤

① 取出40厘米长的铁丝，按照图①中的珠子位置串好珠子（以磁扣为分界，分别串珠）。

② 串好后，将一套磁扣分开，分别串入两端，然后用夹片将铁丝夹紧固定。

③ 将两根50厘米长的铁丝合并在一起，按照图③中的珠子位置开始串珠。先串入1颗翡翠珠，在其两侧各串入2颗小水晶珠，然后用2根铁丝分别串珠，串入1颗小亚克力珠、2颗小水晶珠和1个贝壳片、1颗亚克力珠。

④ 按照图④中珠子的顺序，将全部的珠子串完。然后将另一套磁扣分开，分别串入第二条珠链的两端，用夹片将铁丝夹紧即可。

一米阳光

材料：5个蕾丝饰物

配件：2根金属链，1个龙虾扣，1根延长链，9个单圈，1个水滴

制作步骤

① 用单圈把5个蕾丝饰物相串联。

② 然后再用单圈分别将2根金属链连在串好的蕾丝饰物两端。

③ 用单圈将水滴连在延长链的一端。

④ 最后，用单圈将龙虾扣和延长链分别连接在两根金属链的另一端。

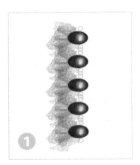

绚烂

材料：22个金属珠，10个长形金属珠，11个蓝宝石饰物

配件：2根O圈链，1个龙虾扣，1根延长链，1个水滴，5个单圈，1根鱼线（长约20厘米），2个贝壳扣

制作步骤

① 按照图①中的珠子顺序，将珠子串入鱼线。

② 各用一个贝壳扣将鱼线的两端包住。

③ 在每个贝壳扣上各串入1个单圈，然后将O圈链分别连在2个单圈上。

④ 用1个单圈将水滴连在延长链的一端。

⑤ 最后，用2个单圈将延长链和龙虾扣分别连在2根O圈链上。

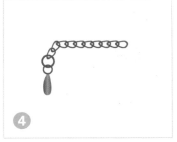

生如夏花

材料： 55颗珍珠，10个不规则金属珠，8个玫瑰金属片，26颗金属珠

配件： 1个龙虾扣，1根延长链，1根普通金属链，1根8字链，18个单圈，65个9针

制作步骤

① 如图①，将金属珠串入8字链上。

② 在玫瑰金属片的两端各串入一个单圈，此配件需完成8个（配件1）。

③ 用钳子将一根普通金属链分成9段，将每段金属链与配件1相连成链。

④ 在1个9针上串入1颗珍珠，用钳子将9针的另一端弯成同样的圆圈，此配件需完成55个（配件2）。

⑤ 在1个9针上串入1颗不规则金属珠，用钳子将9针的另一端弯成同样的圆圈，此配件需完成10个（配件3）。

⑥ 如图⑥，将配件2和配件3相互串联成链。

⑦ 最后，各用1个单圈分别将3条链的两端连在一起，然后将龙虾扣和延长链串入两端的单圈即可。

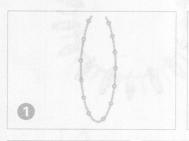

可风

材料： 10个坠饰

配件： 5根金属链，15个单圈，1个龙虾扣，1根延长链，1个水滴

制作步骤

① 按照图①中所示的顺序，将10个坠饰分成两组，用单圈将每组坠饰相套连。

② 取3根金属链，将其两端分别用1个单圈串起，然后将两个单圈分别挂在步骤①完成的坠饰下方。

③ 在步骤①完成的两组坠饰上方各串入1个单圈，在每个单圈上各连接1根金属链。

④ 用1个单圈将水滴串在延长链的一端。

⑤ 最后，步骤③串入的2根金属链上各串入1个单圈，将龙虾扣和延长链分别连接其上。

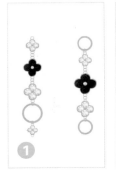
①

②

③

④

⑤

剪爱

材料：148颗黑色水晶珠，288颗银色水晶珠（284颗小的，4颗大的），若干米珠

配件：1根软铁丝（长约80厘米），4根鱼线（各长约50厘米）

制作步骤

① 取8颗小银色水晶珠，将其串入1根鱼线，串好后，将鱼线两端打死结，做成一个水晶环，此配件需完成18个。

② 如图②，在1根鱼线上串入黑色米珠和小银色水晶珠30颗（两头各串入15颗）。此珠链需完成4条。

③ 开始在铁丝上串珠，先在铁丝中央串入5颗黑色水晶珠，然后在其两端各串入1颗大银色水晶珠。

④ 在两侧的大银色水晶珠上各串入10颗小银色水晶珠，然后将银色水晶环套在小银色水晶珠上，每侧套入9个水晶环。

⑤ 水晶环套入后，再各自串入一颗大银色水晶珠，然后将剩余的黑色水晶珠串入铁丝，将铁丝两端拧在一起，藏入珠子内。

⑥ 如图⑥，将4根水晶链合并、对折，然后按照图中的方法套在铁丝中间的5颗黑色水晶珠上。

归路

材料：12颗绿松石，6颗人工珍珠，22颗管珠，24颗金属珠

配件：4个夹片，1个单圈，1个龙虾扣，1根延长链，4根鱼线（1根长约80厘米，3根长约10厘米）

制作步骤

① 取出短鱼线和4颗绿松石，如图①中所示，将4颗绿松石串成一个菱形，共需串出3个菱形绿松石。

② 完成步骤①后，如图②中所示，将其串入长鱼线中，中间间隔两个黑色珠子。

③ 如图③，在绿松石两侧分别以1颗金属珠、1个管珠的顺序串入长鱼线内。

④ 串至鱼线末尾，用夹片将其固定。

⑤ 在一端的夹片上装上龙虾扣，在另一端先装上1个单圈，再装上延长链，即可。

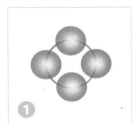

美丽心情

材料：1个小熊钻饰

配件：1个龙虾扣，1根延长链，4个单圈，4个夹片，2根绒布绳，1根金属链

制作步骤

① 在小熊钻饰上方串入1个单圈，将其挂在金属链的中央。

② 在两根绒布绳的两端分别包上一个夹片。

③ 如图③，两端各用1个单圈将金属链和绒布绳相连。

④ 在2根绒布绳的另一端各串入1个单圈，将龙虾扣和延长链连接其上。

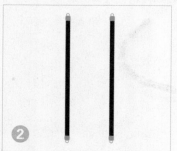

旧地

材料：5个钻饰

配件：4个单圈，4个绳头，
1个龙虾扣，1根延长链，4根
绒线（各长约16厘米）

制作步骤

①如图①，将5个钻饰相串
联。

②将4根绒线分成两组（图
②中只画了1组），每组2
根相扭，成两股辫。然后在
2根两股辫的两端各安上1
个绳头。

③如图③，用2个单圈将2
根绒线两股辫的绳头和钻饰
连接。

④在另外2个绳头上各串入
1个单圈。最后，将龙虾扣
和延长链连接到2个单圈上。

金色年华

材料：16颗珍珠（7颗小的，9颗大的）

配件：1个龙虾扣，1根延长链，2个单圈，32个定位珠，4根长度不一的无孔链，4个贝壳扣

制作步骤

①将7颗小珍珠串入1根第二短的无孔链，每颗珍珠两侧各用1个定位珠，将其位置固定。

②将9颗大珍珠串入1根最长的无孔链，每颗珍珠两侧各用1个定位珠，将其位置固定，另外两条链子不用串珠。

③在每根无孔链的两端都扣上贝壳扣。

④将4根链子按照长度排列好，将其两端分别串入1个单圈中。最后，将龙虾扣和延长链分别连接在两端单圈上。

君子之交

材料：1个玉坠，8颗玉珠
（6个圆的，2个椭圆的），
10颗亚克力珠

配件：6个定位珠，1个双
孔片，1个弹簧扣，1个瓜子
扣，2个单圈，1根无孔链，1
个金属管

制作步骤

❶将瓜子扣串入玉坠。

❷在无孔链中央串入1个金
属管，将步骤❶完成的配件
串入金属管。

❸以步骤❷完成的部分为
中心，开始对称串珠。串至
图❸中的位置后，分别用两
个定位珠将其固定。

❹如图❹，相隔一段距离后，
开始继续串珠，注意将两端
各用定位珠固定。

❺最后，用2个单圈将弹簧
扣和双孔片分别连接到无孔
链的两端。

海洋之星

材料：106颗菱形水晶珠，33颗水滴形水晶珠，24颗小水晶珠，2个玛瑙珠

配件：2个贝壳扣，17个单圈，1个龙虾扣，1根延长链，19个圆头大头针，1根玉线（长约70厘米），3根金属链。

制作步骤

① 在每个大头针上串入1颗水滴形水晶珠（其中6颗小的，13颗大的），用钳子将大头针的一端弯成圆圈，此配件共需完成19个（配件1）。

② 取3个配件1，分别串在3根金属链的一端。

③ 取15个单圈，将它们相套连，然后将步骤①和②完成的配件，按照图③中的样子串入其上。

④ 如图④，取6颗水滴形水晶珠和12颗小水晶珠，用玉线串成花朵的形状。此配件需完成2个（配件2）。

⑤ 按照图⑤中珠子的顺序，将配件2和珠子串入玉线内。

⑥ 用2个贝壳扣分别将玉线的两端包住，并在2个贝壳扣上分别串入1个单圈，再将龙虾扣和延长链连接其上。

⑦ 最后，将步骤③完成的部分，串入项链的中央。

寒烟翠

材料： 75颗水晶珠，8颗玛瑙珠，8个方形塑料珠
配件： 2个贝壳扣，2个单圈，1个龙虾扣，1根延长链，1根
A玉线（长约100厘米）

制作步骤

1️⃣ 按照图❶中珠子的顺序，将珠子串入玉线，每串入一颗珠子，要打一个单结。

2️⃣ 用2个贝壳扣将玉线的两端包住。

3️⃣ 在2个贝壳扣上分别串入1个单圈，然后将龙虾扣和延长链都连接在其上。

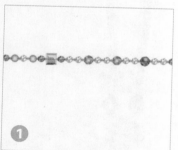

枫桥夜泊

材料：5颗扁形红色绿松石，2颗小绿松石，2颗金属珠，2颗藏银珠，191颗米珠

配件：4颗隔钻，1根延长链，1个龙虾扣，1根细铜丝（长约80厘米）

制作步骤

1️⃣ 将 5 颗扁形红色绿松石如图1️⃣中所示串入细铜丝的中央，每串入 1 颗放入 1 颗隔钻。

2️⃣ 如图2️⃣，在步骤1️⃣串好的绿松石两端分别串入藏银珠、小绿松石和金属珠。

3️⃣ 接着，在铜丝上串米珠（米珠形状不规则，故所需数量不能确定，将其串至铜丝的尾端即可）。

4️⃣ 用包扣将铜丝的两端扣住。

5️⃣ 将延长链和龙虾扣分别装在铜丝的两端，即成。

春之钢琴曲

材料： 10个古银配饰

配件： 13个单圈，2根8字链（各长约40厘米）

制作步骤

❶ 将图❶中4个配饰各用1个单圈连在中心配饰上。

❷ 用1个单圈将圆形配饰连在步骤❶完成的中心配饰上。

❸ 如图❸，在圆形配饰上套入2个单圈，然后在2个单圈上分别连上2个配饰。

❹ 在步骤❸完成的2个配饰上分别用1个单圈连上两个配饰。

❺ 最后，在步骤❹完成的两个配饰上分别用1个单圈连上2根8字链，并在2根8字链的末端分别装上龙虾扣和延长链，即成。

❶

❷

❸

❹

❺

藏巴拉

材料：98颗米珠，61颗椭圆塑料珠，22颗藏式串珠（其中3颗浅色大珠子，2颗椭圆珠子，3颗深色大珠子，10颗深色小珠子，4颗浅色小珠子），3颗金属藏饰串珠

配件：31个藏银花托，3个隔钻，1根A玉线（长约120厘米）

制作步骤

❶ 截一段30厘米长的玉线，如图❶，将珠子串好。总共需要串3条（配件1）。

❷ 将串好的配件1，分别挂在3颗藏银珠上。

❸ 如图❸，将串好的3条串珠，串入玉线的中央部位。

❹ 以步骤❸完成的部分为中心，开始从两侧串珠。

❺ 最后，用1颗珠子将玉线的两端相连。

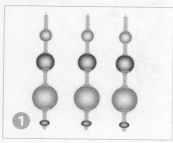

晨星

材料：42颗黑色亚克力珠，5个方形钻饰

配件：2个贝壳扣，3个单圈，1个龙虾扣，1根延长链，1个水滴，1根软铁丝（长约40厘米）

制作步骤

① 如图①，将钻饰和亚克力珠串入铁丝中央。

② 将剩余的亚克力珠对称串入钻饰两侧的铁丝。

③ 在铁丝的两端包上贝壳扣。

④ 用1个单圈将水滴连接在延长链的一端。

⑤ 最后，在2个贝壳扣上分别串上1个单圈，然后将龙虾扣和延长链连在其上。

海浪的声音

材料： 46个贝壳片，48颗水晶珠，5颗玉珠，24个藏银珠，108颗小玉珠

配件： 2个单圈，4个贝壳扣，1个龙虾扣，2根玉线（一根长约40厘米，一根长约50厘米）

制作步骤

1. 先取出短玉线，按照图①中珠子的位置将珠子串入。将不同样式的珠子交错搭配串入，并注意大小珠子的位置，也可以根据自己的喜好而定。

2. 再取出长玉线，按照图②中珠子的位置将珠子串入。将不同样式的珠子交错搭配串入，并注意大小珠子的位置，也可以根据自己的喜好而定。

3. 将串好的两条珠链的两端分别包上1个贝壳扣。

4. 将2条珠链的两端分别串入1个单圈上。

5. 最后，将龙虾扣串入其中一端的单圈上即可。

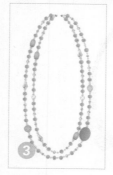

缤纷

材料：1个蝴蝶结钻饰，2颗大珍珠，88颗小珍珠
配件：2个圆头大头针，88个9针

制作步骤

① 在一个大头针上串入一颗大珍珠,用钳子将大头针的一端弯成圆圈,此配件需完成2个（配件1）。

② 在一个9针上串入一颗小珍珠，用钳子将9针的一端弯成同样的圆圈，此配件需完成88个（配件2）。

③ 将6个配件2串联成链，最下方串入一个配件1，将其挂在蝴蝶结下方的一个孔内。

④ 将4个配件2串联成链，最下方串入一个配件1，将其挂在蝴蝶结下方的另一个孔内。

⑤ 将剩余的配件2串联成链，串好后，将两端分别挂在蝴蝶结上方的两个孔内。

成碧

材料： 18颗碎石，1颗玉珠，2个花托，20个金属珠，132颗米珠

配件： 1个单圈，1个龙虾扣，1根延长链，4个夹片，1根软铁丝（长约50厘米）

制作步骤

1️⃣ 如图❶，将1颗玉珠、2个花托，串入铁丝中央。

2️⃣ 在玉珠两侧，以一颗金属珠、一颗碎石的顺序串入。

3️⃣ 将全部的米珠对称串入铁丝。

4️⃣ 最后，将龙虾扣串入铁丝一端，然后用2个夹片将其夹紧固定；铁丝另一端先用2个夹片将其夹紧固定，然后串入1个单圈，再连接上延长链。

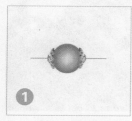
❶

❷

❸

❹

耳环

对于串珠爱好者来说，每一颗珠子都代表着不一样的心情，都有不一样的灵魂，都代表着独一无二的自己。本篇为大家介绍耳环的串法和搭配，在创作串珠作品的过程中，各种素材通过不同的搭配、组合所制作出来的作品，其风格会有很大的不同。只需简单几步，就可以亲手打造一款属于你自己的精美首饰，希望每位串珠爱好者都能够用自己灵巧的双手创作出属于自己、新颖夺目的美丽饰品。

夕颜

材料：82颗木珠（4颗大的，78颗小的），2颗布纽扣，4根布条（2根红色，2根黑色）

配件：2个耳钩，2根玉线

制作步骤

① 取一黑一红2根布条，将其做成花朵的形状，并用线缝合好。

② 取2颗大木珠，将其作为花心缝入花朵中央。

③ 再取8颗小木珠，将其串联成圈，环绕在花心周围。每朵花需要2个木珠圈，分别套在花心前方和后方的木珠上。

④ 取一根玉线，将耳钩串入中央，对折后，按照图④中的珠子顺序开始串珠。

⑤ 串至最后，将剩余的玉线缝入花朵的其中两个相邻的花瓣上，即可。重复以上步骤完成另一只耳环的制作。

注意

在操作步骤 ② 时，在花朵的前方和后方各缝入一颗木珠，所以需要2颗木珠。

云裳

材料：12个菱形水晶珠，2个坠饰

配件：12个圆头大头针，2个耳钩，2根有孔调节链，4个单圈

制作步骤

1️⃣ 将1个大头针串入1颗水晶珠内。此配件需完成12个（配件1）。

2️⃣ 用钳子将配件1的大头针一端弯成圆圈。

3️⃣ 如图3️⃣，用1个单圈将坠饰与调节链连接，另一个坠饰重复此步骤。

4️⃣ 将配件1分成两组，分别串在两根调节链上。

5️⃣ 最后，分别用1个单圈将耳钩串入调节链的上端，即成。

 ①  ②  ③  ④  ⑤

浮生若华

材料：2颗红色绿松石，2块刺绣花布。

配件：2个耳钩，2个酒杯形花托，2根A玉线（长约10厘米）

制作步骤

①将玉线串入两个耳钩，并在下方打结固定。

②将1颗红色绿松石串入耳钩下方。

③将1个花托串入绿松石下方。

④如图④，将花布折成三角形，插入花托内，包住其中的玉线，最后用热熔枪将花布下方开口的部分粘好。三角形上方的角度需适合花托开口的大小。

⑤最后，重复以上步骤，完成另一只耳环的制作。

五月丝弦

材料： 6个钻饰，16个大小不同的钢圈

配件： 2个耳钩

制作步骤

① 将1个钢圈和1个钻饰串入耳钩下方。

② 取3个钢圈相套连，在下方串入1个钻饰。

③ 取4个钢圈相套连，在下方串入1个钻饰。

④ 最后，将步骤②和③串好的钢圈链一起串入步骤①的钢圈上，即可。重复以上步骤，完成另一只耳环的制作。

絮语

材料：2个漆木饰物
配件：2个耳钩，2个T针

制作步骤

①如图①，将T针串入漆木饰物的顶端。

②用钳子将T针的一段弯成一个圆圈。

③将耳钩串入步骤②完成的圆圈中。重复以上步骤，完成另一只耳环的制作。

锦和

材料：12颗彩珠，2个坠饰
配件：2个耳钩，6个单圈，
12个圆头大头针

制作步骤

① 将 1 个圆头大头针串入 1
颗彩珠中。此配件需完成 12
个（配件 1）。

② 将大头针的一端用钳子
弯成圈状。

③ 取 3 个单圈，将其套连，
一端挂上坠饰，一端连上耳钩。

④ 将配件 1 挂在串联的单圈
上，即成。重复以上步骤，
完成另一只耳环的制作。

①

②

③

④

七夕情

材料：4颗钻饰，2颗黑色菱形珠，2个花朵饰物

配件：2个耳钩，2根无孔链，2个大单圈，2个花托，2个圆头大头针

制作步骤

1 如图❶，在1个大头针上串入1个花托和1颗珠子。

2 用钳子将大头针的一端弯成一个圆圈，将弯好的大头针一头挂在单圈上。

3 将花朵和无孔链的一端分别串入单圈。

4 用钳子小心地将耳钩下方的铁丝弄直，方便串珠。

5 将2颗钻饰、无孔链的另一端分别串入耳钩下方，串好后，再用钳子将耳钩下方恢复原状。重复以上步骤，完成另一只耳环的制作。

疏影

材料： 140颗木珠，2朵漆木花，2根黑色布条
配件： 2个耳钩，2根棉线，2根木质单圈

制作步骤

① 将布条均匀缠绕在木质单圈上。

② 将1朵漆木花缝在缠好布条的单圈中央。

③ 取1根棉线，剪成长短不同的7段，分别在其上串入木珠（2根串入7颗木珠，2根串入1颗木珠，2根串入11颗木珠，1根串入13颗木珠，图③中画出不同串法的珠链各一条，操作时请结合文字一起进行。）

④ 如图④，将串好的7根木珠链分别缝在布条的下方。

⑤ 取一根棉线，将耳钩串入其中央，对折后，串入3颗木珠，然后将棉线缝入缠好木条的单圈上方。重复以上步骤，完成另一只耳环的制作。

  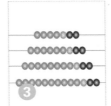  

水竹

材料：2个方形彩石，2个隔钻，2颗亚克力珠，2颗金属珠，2个鱼形饰物

配件：2个9针，2个T针，2个耳钩

制作步骤

① 在T针上串入彩石、隔钻、亚克力珠和金属珠。用钳子将9针的一端弯成同样的圆圈（配件1）。

② 取一根9针，将鱼形饰物串入其上，用钳子将9针的一端弯成同样的圆圈（配件2）。

③ 将配件1和配件2相套连。最后，将耳钩连接在鱼形饰物的上方即可。重复以上步骤，完成另一只耳环的制作。

风铃草

材料：28颗彩珠

配件：28个圆头大头针，2个耳钩，8个单圈，4根8字金属链

制作步骤

❶ 在一个大头针上串入一颗彩珠，用钳子将大头针的一端弯成圆圈。此配件需完成28个（配件1）。

❷ 在一根金属链的下方串入一个配件1，此配件需完成4个（配件2）。

❸ 取4个单圈相套连成串，挂在一个耳钩的下方。

❹ 取12个配件1，挂在步骤❷串联好的单圈上。

❺ 最后，将2个配件2挂在步骤❸的单圈下方。重复步骤❷～❺，完成另一只耳环的制作。

豆蔻年华

材料：2个布纽扣，118颗木珠，4根布条（2根绿色，2根紫色）

配件：2个耳钩，4根棉线

制作步骤

① 取1根绿色布条，1根紫色布条，分别将两根布条卷成圆形，然后缝在一起。

② 将步骤①卷好的布条中央分别缝入一颗木珠，并在这个木珠周围缝上一圈串好的木珠。

③ 取2根棉线，将耳钩串入两根棉线的中央，并以耳钩为中心将棉线对折，先串入3颗木珠。

④ 接着中间2根棉线串入4颗木珠和一个布纽扣。

⑤ 按照图⑤中所示的珠子顺序，两侧的棉线分别串珠，串好后，将两根棉线的两端打结。

⑥ 最后，将步骤②完成的布花缝在步骤⑤完成部分的下方。重复以上步骤，完成另一只耳环的制作。

①

②

③

④

⑤

⑥

秋离

材料：14颗水晶珠

配件：4根金属链（2根长的，2根短的），16个单圈，2个耳钉，2个耳塞

制作步骤

① 在1根长金属链的两端分别套入1个单圈。在1个单圈上串入1颗水晶珠，另一个单圈上串入1个耳塞。

② 取6颗水晶珠，在其上各串入1个单圈。

③ 将串好单圈的水晶珠挂在1根短金属链上。

④ 将步骤③完成的部分串入耳钉。重复以上步骤，完成另一只耳环的制作。

  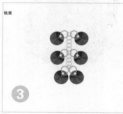 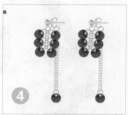

春山云影

材料：2颗裸钻，48颗人造水晶

配件：2个耳钉，12个T针，2根延长链（长约7厘米），12个单圈

制作步骤

①取一根T针，串上4颗水晶。此配件需完成8个。

②用钳子将T针的一头弯成圆形。

③在每个T针上都串入1个单圈。

④如图④，将步骤①~③串好的珠子挂在延长链上。

⑤最后，将裸钻粘在耳钉上，再将延长链挂在耳钉上即可。

朝歌

材料：2个耳圈，2个花朵饰物，2颗人工珍珠

配件：4个单圈，2条8字链（长约2厘米），2个9针

制作步骤

❶ 将1个9针串入1颗珍珠中，用钳子将9针的一端弯成圆圈。

❷ 在8字链的两端各串入1个单圈。

❸ 将串好单圈的8字链，一端挂在花朵饰物上，一端与珍珠上的9针相连。

❹ 最后，将花朵一端挂在耳圈上，即成。重复以上步骤，完成另一只耳环的制作。

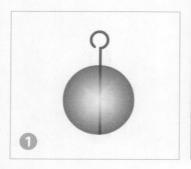

痴情司

材料： 12颗红色瓷珠

配件： 2个耳钩，2个单圈，6根蜡绳，2根玉线

制作步骤

❶ 在每根蜡绳的两端各串入 1 颗红色瓷珠，然后打一个单结固定。

❷ 将串好瓷珠的蜡绳分成两组，分别串入 1 个单圈。

❸ 如图❸，以单圈为中心，将蜡绳对折，然后用玉线将其缠紧固定。

❹ 最后，将耳钩串入单圈上方，即可。重复以上步骤，完成另一只耳环的制作。

绿珠

材料：2个菱形水晶饰物，6颗水晶珠（2颗小的，4颗大的），2颗彩绘珠

配件：2个耳钩，2个9针，6个T针，8个花托

制作步骤

① 在1个9针上串入1颗小水晶珠，用钳子将9针的一端弯成同样的圆圈，此配件需完成2个（配件1）。

② 在1个T针上串入1颗大水晶珠和1个花托，用钳子将T针的一端弯成同样的圆圈，此配件需完成4个（配件2）。

③ 在1个T针上串入1个花托，再串入1颗彩绘珠和一个花托，用钳子将T针的一端弯成圆圈。此配件需完成2个（配件3）。

④ 如图④，将1个配件1和2个配件2分别串入水晶饰物的下方，再将1个配件3挂在配件1的下方。

⑤ 最后，将耳钩串入水晶饰物的上方。重复步骤④、⑤，完成另一只耳环的制作。

①

②

③

④

⑤

若英

材料： 56颗水晶珠，2个不规则金属片

配件： 16个花托，2个耳钩，2个单圈，2个金属圈，6个9针，2根铜丝

制作步骤

❶ 在1个9针上串入1个花托、1颗水晶珠、1个花托，用钳子将9针的一端弯成同样的圆圈，此配件需完成6个（配件1）。

❷ 将3个配件1连成串，并用1个单圈将金属片连接在其下方。

❸ 按照图❸中的方式，用铜丝一边串水晶珠，一边缠绕在金属圈上。

❹ 取一段铜丝，将耳钩串入中央，将铜丝两端合并串珠，分别串入1个花托、1颗水晶珠和1个花托。

❺ 将步骤❹的铜丝缠绕在步骤❸金属圈的上方，用将步骤❷完成的配件挂在步骤❹的铜丝上。重复步骤❷～❺，完成另一只耳环的制作。

陌上花开

材料：12个水晶珠，14个金属管

配件：8个单圈，12个T针，2个耳钉，2个耳塞，2根无孔链

制作步骤

❶ 在一个T针上串入一颗水晶珠和一个金属管，用钳子将T针的一端弯成圆圈。此配件需完成12个（配件1）。

❷ 将3个单圈串联成链，与无孔链的一端相连。

❸ 将6个配件1挂在步骤❶串联好的单圈链上。

❹ 将1个金属管串入无孔链上。

❺ 最后，用1个单圈将无孔链的另一端和耳钉连接，即可。重复步骤❷~❺，完成另一只耳环的制作。

花季未了

材料：42颗水晶珠

配件：2个耳圈，50个单圈

制作步骤

1 在每颗水晶珠上套入1个单圈。此配件需完成42个（配件1）。

2 取4个单圈，将其相连成串。

3 取7个配件1，将它们挂在步骤2完成的单圈链上。

4 最后，将步骤3完成的部分挂在耳圈上，另外再取14个配件1全部挂在耳圈上。重复步骤2～4完成另一只耳环的制作。

1

2

3

4

流泻

材料：12颗水晶珠

配件：10根长短不同的金属链，8个单圈，2个9针，2个耳钩，6个T针

制作步骤

① 在1个T针上串入1颗水晶珠，用钳子将T针的一端弯成圆圈。此配件需完成6个（配件1）。

② 在1个9针上行串入3颗水晶珠，用钳子将9针的一端弯成同样的圆圈，此配件需完成2个（配件2）。

③ 在1个单圈上串入5根金属链。

④ 在套入单圈的金属链中的3根金属链下方各串入1个单圈和1个配件1。

⑤ 最后，将耳钩和步骤④完成的部分分别串入9针两端。重复步骤③~⑤，完成另一只耳环的制作。

漂泊的云

材料：10颗带孔钻饰（8颗小的，2颗大的），2颗菱形水晶珠，6个方形钢圈

配件：2个耳钩，8个单圈

制作步骤

① 将3个单圈串连成链，在其上串入4颗小钻饰和1颗大钻饰。

② 用1个单圈将1颗菱形水晶珠和3个方形钢圈串在一起。

③ 将步骤①完成的部分挂在大方形钢圈的下方。

④ 最后，将耳钩串在菱形水晶珠的单圈上。重复以上步骤完成另一只耳环的制作。

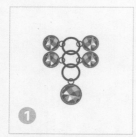

轻灵

材料：2颗大瓷珠，2颗小瓷珠，2个金属猫头鹰饰物
配件：4个花托，2个单圈，2个T针，2个耳钩

制作步骤

❶ 按照图❶中的珠子顺序，将珠子串入1个T针上。

❷ 用钳子将T针的一端弯成圆圈，再串入1个单圈。

❸ 最后，将耳钩挂在单圈上即可。重复以上步骤，完成另一只耳环的制作。

绛珠草

材料：18颗水晶珠

配件：18个圆头大头针，2个"之"字形金属管，2个耳钩，2个单圈

制作步骤

❶ 在一个大头针上串入一颗水晶珠，用钳子将大头针的一端弯成圆圈，此配件需完成18个（配件1）。

❷ 将配件1分成6组，每组3个，其中两组分别串入一个单圈内。

❸ 将其中4组配件1分别挂在之字形金属管上的孔内。将串入单圈的配件1挂在"之"字形金属管的下方。

❹ 最后，将耳钩串入"之"字形金属管的上方。

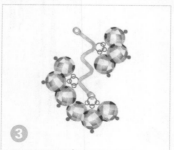

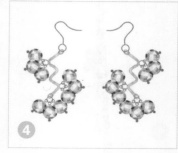

立夏

材料：14颗五彩钻饰

配件：2个耳钩，2根金属链，12个单圈

制作步骤

① 取2颗红色钻饰，分别串入每个耳钩下方。

② 在剩余的12颗钻饰上分别套入1个单圈。

③ 将套好单圈的钻饰分成两组，分别挂在两根金属链上。

④ 将挂好钻饰的金属链分别串入耳钩下方。

花之蕊

材料：38颗米珠，2颗藏银珠，2个酒杯花托，2个普通花托，2颗粉彩珠

配件：2个耳钩，2个单圈，2个9针，6个T针

制作步骤

❶ 如图❶，在T针上串入6～7颗米珠。用钳子将T针的一头掰弯，此步骤共需完成4个。

❷ 在T针上串入5～6颗米珠和1个藏银珠。用钳子将T针的一头掰弯，此步骤共需完成2个。

❸ 在9针上串入一个酒杯花托，但要注意花托的朝向，再串入一颗粉彩珠和一个普通花托。用钳子将9针的一端掰弯，此步骤共需完成2个。

❹ 用单圈将步骤❶和❷完成的部分串入酒杯花托底部，如图，每个花托下各3个。

❺ 最后，将普通花托一端的9针与耳钩相连，即成。

温婉

材料：40颗水晶珠

配件：2个单圈，2根铜丝，
2个金属片耳钉，2个耳塞

制作步骤

① 在一根铜丝上串入 20 颗
水晶珠，串好后，将铜丝的
两端扭在一起，使其成圈。

② 在步骤①串好的水晶珠
上套入 1 个单圈。

③ 将单圈挂在金属片耳钉下
方的单圈上。重复以上步骤，
完成另一只耳环的制作。

情人泪

材料：2颗珍珠，3个钢圈
配件：4个单圈，2个耳钉，2个耳塞，2个T针，2个金属管

制作步骤

1. 在一个T针上串入一颗珍珠，用钳子将T针的一端弯成圆圈。此配件需完成2个（配件1）。
2. 在两根金属管的两端各串入1个单圈。
3. 在一根金属管一端的单圈上串入1个配件1和1个钢圈。
4. 在另一根金属管一端的单圈上串入1个配件1和2个钢圈。
5. 最后，将2个耳钉分别串入2个金属管另一端的单圈上，即可。

往事如沙

材料：2个"H"形钻饰。

配件：2根黑色金属链（各长约10厘米），2个耳钉，2个耳钉塞，2个单圈

制作步骤

❶ 如图❶，将"H"形钻饰串入金属链中央。

❷ 用1个单圈将金属链两端相连。

❸ 最后，将单圈挂在耳钉下方的小孔内即可。重复以上步骤完成另一只耳坠的制作。

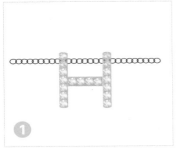

孩子气

材料：2颗珍珠，8个金属饰物，6颗金属珠，2个埃菲尔铁塔坠饰

配件：10个单圈，2个耳圈，2个T针，2根8字链

制作步骤

❶ 在1个T针上串入1颗珍珠，用钳子将T针的一端弯成圆圈。此配件需完成2个（配件1）。

❷ 在每个金属饰物上都串入1个单圈。

❸ 在金属链两端各串入1个单圈，将一个埃菲尔铁塔坠饰挂在金属链的下方单圈上，再将小汽车挂在金属链中央处。

❹ 按照图❹中珠子的位置，将配件和金属珠串入耳圈即可。重复步骤❸ ~ ❹，完成另一只耳环的制作。

双双飞

材料：18颗小亚克力珠，4颗大亚克力珠，2颗蝴蝶结形水晶珠

配件：2个耳钩，2个9针，6个T针

制作步骤

❶在1个T针上串入1颗大亚克力珠，用钳子将T针的一头弯成圆圈，此配件需完成4个（配件1）。

❷在1个9针上串入5颗小亚克力珠、1颗蝴蝶形水晶珠、1颗小亚克力珠，用钳子将9针的一端弯成同样的圆圈。此配件需完成2个（配件2）。

❸取1根T针，自上而下串入配件2中的蝴蝶结，然后在其下方串入3颗小亚克力珠，再用钳子将T针的一端弯成圆圈。

❹取两个配件1分别串入配件2下方的圆圈和步骤❸中T针下方的圆圈。

❺最后，将耳钩串入9针上方的圆圈。重复步骤❸~❺，完成另一只耳环的制作。

倾城

材料：2颗绿松石坠饰，4颗藏银珠，4颗金属珠，2个藏银圈

配件：2个单圈，2个耳圈

制作步骤

① 在1个绿松石坠饰上串入单圈，挂在1个藏银圈上。

② 将挂上绿松石的藏银圈串入耳圈中央。

③ 在藏银圈两侧对称串入藏银珠和金属珠。重复以上步骤，完成另一只耳环的制作。

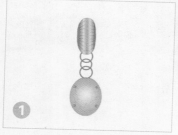

人人都有手机，人人也都想为自己的手机配一个精美的挂链，本篇中为大家介绍几十种手机链和钥匙链的串法和搭配建议，款款可爱又魅力十足。只要参照每款饰品的图解和文字，相信每位串珠爱好者都可以学会，也能够让你的DIY生活更加丰富多彩。有些手机链和钥匙链可以通用哦，只要换一个挂绳就可以了。

牵挂

- - - - - - - -

材料：1朵绢花，1个金属圆片，2颗蓝色珠子，2个金属坠饰（1个贝壳形，1个心形）

配件：3个单圈，3根金属链，2个T针，1个防尘塞

制作步骤

① 将2个T针分别串入2颗蓝色珠子内，并用钳子将T针的一头弯成圆圈（配件1）。

② 将配件1分别挂在2根金属链上。

③ 用1个单圈将贝壳形坠饰挂在金属链上。

④ 用热熔枪和胶棒将绢花粘在金属片上。

⑤ 在心形坠饰的两端各套入1个单圈，一端连上防尘塞，一端挂上3根金属链和绢花。

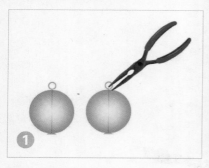

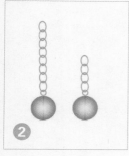

竹意

材料：2颗黑色珠子，1个漆木坠饰，1个漆木花

配件：1套钥匙扣，1根玉线（长约10厘米）

制作步骤

1 如图**1**，先将玉线串入钥匙扣下方的孔中。

2 接着，依次串入1颗小黑珠、1朵漆木花、1颗大黑珠。串完后，打一个单结。

3 最后，将漆木坠饰串入下方，并打一个死结将其固定。多余的线剪去，用打火机烧粘即可。

1

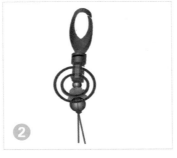

2

3

流漱紫

材料：51颗紫水晶，13颗金属管珠
配件：7个单圈，1个防尘塞，13个T针

制作步骤

❶ 按照图❶中珠子的顺序，在T针上串入5颗紫水晶和1个金属管珠。用钳子将T针的一端弯成圆圈。共需完成4个（配件1）。

❷ 在T针上串入4颗紫水晶和1个金属管珠。用钳子将T针的一端弯成圆圈。共需完成4个（配件2）。

❸ 如图❸，按照图中珠子的顺序，在T针上串入3颗紫水晶和1个金属管珠。用钳子将T针的一端弯成圆圈，共需完成5个（配件3）。

❹ 将7个单圈相互套连，把防尘塞串入套连单圈的顶端。

❺ 按照图❺中的顺序，将配件1、2、3串入单圈（每个单圈上串入两个配件，最下方单圈串入一个配件）。

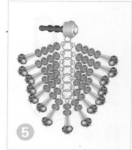

胭脂扣

材料： 140颗木珠（其中4颗大的，14颗中的，122颗小的）

配件： 红色丝线，黑色布条，红色布条，黑色棉线，串珠针

制作步骤

❶ 用棉线和串珠针串小木珠和大木珠，此配件共需完成3个（配件1）。

❷ 取红色布条将其盘成花心，结尾处用棉线缝合，固定。

❸ 用黑色布条围绕步骤❷完成的花心，制成花瓣。

❹ 在每个花瓣里缝入3颗串好的木珠。

❺ 用红色丝线在黑布条上端缠绕两段，中间预留部分串入5颗木珠。

❻ 将3个配件1缝在正下方的花瓣上。

❼ 最后，用棉线串两条棕色木珠，分别绕在前后花心的四周。

注意

在操作步骤❸时，将每个花瓣用棉线缝合在花心之上。

微澜

材料：5颗糖果珠，1个蝴蝶饰物

配件：6个单圈，1套钥匙扣，5个T针，1根有孔金属链

制作步骤

①将1根T针串入1颗糖果珠内。此配件需完成5个（配件1）。

②用钳子将配件1上的T针一端弯成圆圈。

③将金属链挂在"蝴蝶"的下方。

④如图④，用单圈将配件1挂在金属链上。

⑤最后，在蝴蝶上方用单圈将钥匙扣相连。

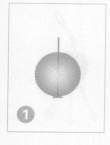    

你侬我侬

材料：1朵布花，3颗水晶珠，21颗珍珠

配件：4个大头针，2个单圈，1个防尘塞，1个贝壳扣，1个龙虾扣，1根鱼线（长约10厘米）

制作步骤

① 在布花内串入一个大头针，并用钳子将大头针的一端弯成圆圈。

② 将剩余的3个大头针分别串入3颗水晶珠内，并用钳子将大头针的一端弯成圆圈（配件1）。

③ 将珍珠串入鱼线，串好后，用1个贝壳扣将鱼线两端包住。

④ 完成步骤③之后，将贝壳扣、配件1、龙虾扣一起套入1个单圈内。

⑤ 用1个单圈将布花挂在珍珠链的下方；将龙虾扣与防尘塞相扣，即成。

夏日之语

材料：4个金属饰物

配件：1个防尘塞，6个单圈，
1根O圈链（长约15厘米）

制作步骤

①用钳子将O圈链拆分成长短不等的5条链子。

②如图，用单圈将饰物和5条O圈链连结在一起。

③最后，用1个单圈，将步骤②完成的部分相连，并挂在防尘塞上即可。

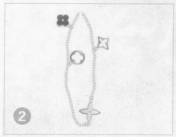

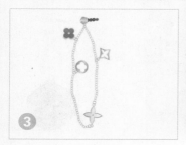

向往

材料：1个毛球，1个绒皮穗，1个埃菲尔铁塔坠饰
配件：4个单圈，1个防尘塞，1根O圈链，1个T针

制作步骤

1 在毛球中串入1个T针，用钳子将T针的一端弯成圆圈。

2 在T针的一端套入1个单圈。

3 在埃菲尔铁塔坠饰、防尘塞和绒布穗上各套入1个单圈。

4 将套好单圈的坠饰依次挂在O圈链上。

相容

材料：1个毛球，37颗亚克力珠

配件：4个贝壳扣，1根波波链（长约15厘米），1根鱼线（长约15厘米），2个单圈，1个9针，1个防尘塞

制作步骤

① 将亚克力珠串入鱼线。串好后，将两端用贝壳扣包住以固定。

② 将波波链两端用贝壳扣包住。

③ 将9针串入毛球中央，将其一端用钳子弯成圆圈。

④ 完成步骤③后，在9针的一端串入1个单圈，并将步骤①和②完成的两条链子的两端都串入单圈内。

⑤ 最后，用1个单圈将防尘塞连接到9针上。

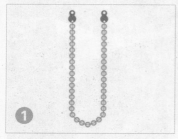

甜蜜蜜

材料：9个金属坠饰（可根据自己喜好选择不同造型）

配件：2套钥匙扣，11个单圈，1条O圈链

制作步骤

1 在O圈链的两端分别套入2个单圈。

2 将2套钥匙扣分别套入O圈链两端的单圈内。

3 将9个坠饰各套入1个单圈。

4 最后，将套好单圈的9个坠饰依次挂在O圈链上。

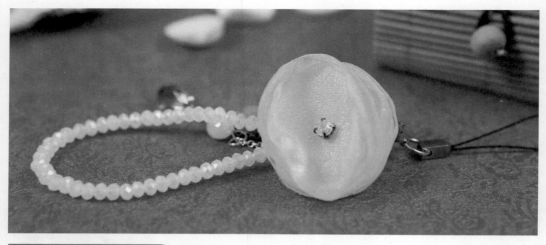

清醒

材料：53颗亚克力珠，1个花托，1个钻饰，1块雪纺布，1个金属坠饰，2颗水晶珠

配件：2个T针，7个单圈，2个贝壳扣，1个防尘塞，1个龙虾扣，3条金属链，1个手机链

制作步骤

1 将雪纺布剪成7个同样大小的圆片，剪好后，在中心处用线缝好，并将钻饰一并缝上，作为花心。

2 将花托粘在雪纺花的后面，并套入1个单圈，以备下面串珠用。

3 将2个水晶珠分别串入2个T针，然后用钳子将T针的一端弯成圆圈，以便串入单圈。

4 将步骤3完成的配件和金属坠饰，用3个单圈分别挂在3条金属链的一端。

5 将亚克力珠串入鱼线，串好后，用2个贝壳扣将鱼线的两端包住。

6 将步骤4完成的3个配件，步骤5完成的珠链挂在1个单圈上。

7 将防尘塞套入1个单圈。将上面3个单圈套连成一串。最后，在1个单圈上套入手机链和1个龙虾扣，并将龙虾扣扣住3个单圈中的1个。

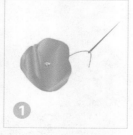

欢歌

材料：1个毛球，2个绒皮穗，2颗亚克力珠

配件：2个9针，1个防尘塞，2根金属链，4个单圈

制作步骤

①将1个亚克力珠分别串入1个9针中，用钳子将9针的一端弯成圆圈。

②完成步骤①之后，在9针的两端各套入1个单圈。

③将绒皮穗挂在9针上的1个单圈上。

④将金属链挂在9针上的另一个单圈上。

⑤在毛球和防尘塞上各套入1个单圈。

⑥将2根金属链的另一端一起挂在毛球上方的单圈上。

⑦最后，将毛球和防尘塞相套连。

惊蛰

材料：2个漆木饰物，9颗黑色木珠（2颗大的，7颗小的），64颗米珠

配件：1套钥匙链，A玉线（长约50厘米）

制作步骤

①如图①，截取一段玉线，将1颗小木珠和1个漆木花串入钥匙链上的孔内。

②截取一段玉线，按照图②中珠子的顺序，在其上串入20颗米珠和2颗小木珠。此步骤共需完成3条。

③取一段玉线，对折，系在步骤②完成的3条米珠链的中央。

④如图④，在步骤③的玉线上串入1颗大木珠、1个漆木鱼形饰物、2颗米珠、1颗大木珠、2颗米珠。

⑤完成步骤④后，将玉线的尾端系在钥匙链的梅花圈上，打死结，剪去多余部分，烧粘即可。

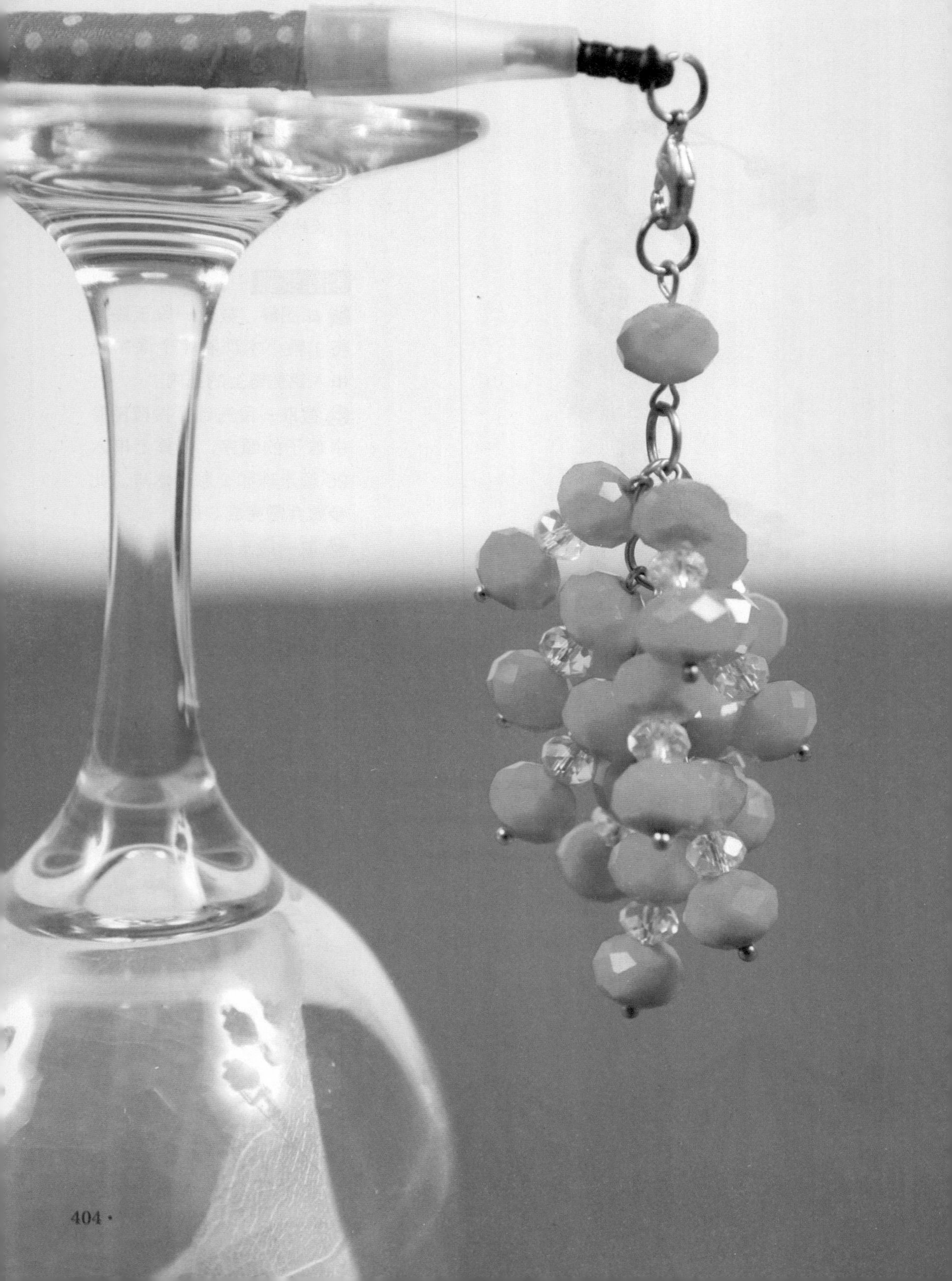

橘子物语

材料： 25颗橘色菱形珠，12颗透明菱形珠

配件： 1个龙虾扣，1个防尘塞，8个单圈，1个9针，12个圆头大头针

制作步骤

① 如图①，将2颗橘色菱形珠和1颗透明菱形珠，串入1个圆头大头针上，用钳子将大头针的一头弯成一个圆圈，共需完成12个（配件1）。

② 将1颗橘色珠串入9针上，并用钳子将9针的一头弯成一个圆圈（配件2）。

③ 将6个单圈相互套连，将套连好的单圈链挂在配件2下方。

④ 将12个配件1全部挂在套连的单圈上。

⑤ 用1个单圈串入防尘塞和龙虾扣。最后，在9针的另一端串入1个单圈，用龙虾扣与此单圈相扣，一串手机防尘链就完成了。

①

②

③

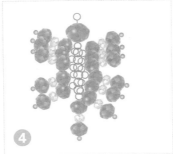

④

⑤

七彩人生

材料：8颗大珠子，9颗小珠子

配件：17个T针，8个花托，1套钥匙扣，8个单圈，1个"米奇"钻饰，1根有孔金属链

制作步骤

1 在1颗小珠子内串入1根T针。此配件需完成8个（配件1）。

2 先将1个花托串入1个T针，再串入1颗大珠子。此配件需完成9个（配件2）。

3 将配件1的T针一端用钳子弯成圆圈。

4 将配件2的T针一端也用钳子弯成圆圈。

5 按照图5中珠子的顺序，将配件1和配件2用单圈挂在金属链上。

6 最后，在金属链的两端用单圈将钥匙扣和"米奇"钻饰串上。

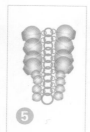

恋恋风尘

材料：1朵布花，3颗水晶珠，1个钻石坠饰
配件：5个单圈，1个9针，1个龙虾扣，1个防尘塞

制作步骤

1️⃣ 如图①，用3个单圈将3颗水晶珠挂在钻石坠饰的下方。

2️⃣ 取1根9针，让其从布花中间穿过，并用钳子将9针的一端弯成一个圆圈。

3️⃣ 在9针的两端各套入1个单圈。

4️⃣ 在布花一端的单圈上套入一个龙虾扣，另一端的单圈上套入步骤①完成的配件。

5️⃣ 最后，将龙虾扣与防尘塞相扣。

①

②

③

④

⑤

蝴蝶泉边

材料： 1个蝴蝶坠饰，7颗糖果珠

配件： 1套钥匙扣，3个单圈，7个T针

制作步骤

❶ 在1根T针上分别串入1颗糖果珠。此配件需完成7个（配件1）。

❷ 用钳子将T针的一端弯成圆圈，共需完成7个（配件2）。

❸ 取2个单圈相套连，将配件1和配件2全部挂在其上。

❹ 另取1个单圈，将"蝴蝶"串入套连2个单圈的一端。

❺ 最后，将钥匙扣串入套连2个单圈的另一端。

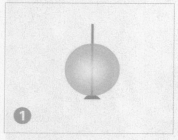

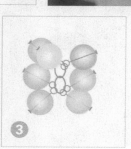

粉红色回忆

材料：1颗珍珠，1个花托，1个金属片，42颗亚克力珠，1个高跟鞋坠饰，1块蕾丝

配件：1个手机链，1个防尘塞，1根软铁丝（长约15厘米），1个贝壳扣，1个T针，4个单圈

制作步骤

❶ 将1个花托和1颗珍珠串入1根T针上，用钳子将T针的一头弯成圆圈。

❷ 如图❷，用蕾丝将珍珠包住，露出T针的一端即可。

❸ 将亚克力珠串入铁丝。串好后，用一个贝壳扣将铁丝两端一起包住。

❹ 在T针弯成圆圈的一端套入1个单圈，将金属片和步骤❸完成的配件也串入其上。

❺ 在防尘塞和"高跟鞋"上各套入1个单圈，将二者套入T针上的单圈内。

❻ 拿1个单圈套在手机链上，同时将龙虾扣串入同一个单圈内。最后，将龙虾扣与防尘塞上的单圈相扣。

❶

❷

❸

❹

❺

❻

精灵

材料：4个铜铃铛，2颗碎石，23颗米珠，
配件：1根链绳，1根7号璎珞线（长约20厘米）

制作步骤

① 将璎珞线对折，与链绳下方相套连。

② 在对折后的2根璎珞线上，一根串入1个铃铛、1颗米珠，另一根串入2颗米珠。串好后，打一个结。

③ 如图③，继续在2根璎珞线上串珠。一根串入1颗碎石，一根串入3颗米珠。串好后，依然打个结。

④ 重复步骤②和③，将所有珠子串完，可自行搭配、改变珠子的顺序和位置。

⑤ 最后，将1个大铃铛串入璎珞线的底端，打一个死结，剪去多余的部分，烧粘即可。

第六章

发饰

漂亮的饰物永远是女孩子的最爱，本篇介绍的是簪子、头绳、发卡等发饰的串法和搭配，让每个女人能够从头到脚都美丽非凡。这些美丽的串珠发饰，其中满满是串珠爱好者的完美创意，绝对可以跟昂贵的珠宝首饰相媲美。每个女孩都有一个梦，希望自己像白雪公主一样漂亮，看看这些唯美独特的饰品吧，让每一个爱美的女孩都爱不释手。时尚在指尖流动，美丽在眼前呈现，快快跟我们一起动手串珠吧。

花不语

材料：2颗绿松石，2个花托，1根牛角簪，2个铜饰，1颗米珠

配件：2个T针，1根五色丝线（长约150厘米）

制作步骤

①将1颗绿松石串入T针，再串入1个花托。此配件需完成2个（配件1）。

②用钳子将T针的一端掰弯。

③用五色丝线在牛角簪较粗的一端缠绕，缠绕至1/3处，将1个铜饰串入，缠绕至2/3处将另一个铜饰串入。

④最后，用1颗米珠（米珠在簪子背后）将丝线的两端串起，打结烧粘，防止丝线脱落。

⑤将配件1挂在铜饰的下方，即成。

注意

在操作步骤③时，拉紧丝线，将铜饰固定。

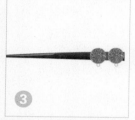

乖巧

材料：1根粗绸带，1根细绸带，44颗珍珠

配件：1个发箍，3根铜丝，1根软铁丝

制作步骤

1. 在发箍上粘上双面胶。
2. 将细绸带缠绕在发箍上。
3. 将珍珠全部串入铁丝，将铁丝的两端用钳子拧在一起，使其成一个圆。
4. 用铜丝将串好的珍珠链绑在发箍上，中间和两端各绑一段铜丝，使珍珠链成蝴蝶结形状。
5. 最后，将粗绸带系在珍珠链的中央，同样系成蝴蝶结。

飞扬

材料：1块豹纹绸布，120颗管珠，60颗米珠，13颗亚克力珠，47颗珍珠

配件：1个发卡，1块毡布，1根棉线（长约70厘米）

制作步骤

① 将绸布剪成圆形；将豹纹绸布剪成大小相等的三块。

② 按照图②中形状，将剪好的绸布相叠，扎成蝴蝶结的形状。

③ 用热熔胶将做好的豹纹蝴蝶结粘在发卡上。

④ 如图④，将米珠串入棉线中央，珍珠串入2根棉线，再串入2颗管珠，完成配件1，此配件需完成47个。

⑤ 将米珠串入棉线中央，亚克力珠串入2根棉线，再串入2颗管珠，完成配件2，此配件需完成13个。

⑥ 将完成的配件1、配件2全部缝在剪好的圆形毡布上，然后用热熔胶将绸布粘在豹纹蝴蝶结的中央。

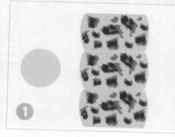

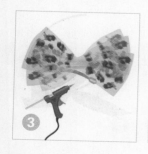

风中

材料：13个钻饰

配件：12个单圈，1根松紧发带，1块绸布

制作步骤

① 用单圈将所有的钻饰连接成链。

② 如图②，将发带串入钻链的两端。

③ 将发带的两端在中央处打结，然后将绸带粘在其上。

繁花

材料： 17颗珍珠，20颗瓷珠，18颗金属珠，1颗亚克力珠，1根夹银丝绸带，1根普通绸带

配件： 1块毡布，1个发箍，3根鱼线

制作步骤

① 在发箍上缠上双面胶，然后将普通绸带缠绕在其上。

② 如图2-1，将毡布剪成圆形，用美工刀在毡布中央划开两道口子，以便将发箍串入其中；图2-2 将夹银丝绸带卷成一个圆。

③ 用热熔胶将亚克力珠粘在夹银丝绸带的中央，作为花心。

④ 用准备好的3根鱼线将珍珠、瓷珠、金属珠串成三条珠链。

⑤ 将发箍串入毡布的中央，用热熔胶将其固定好。

⑥ 最后，按照图⑥中的样子，用热熔胶将串好的3条珠链和花心全部粘在毡布上。

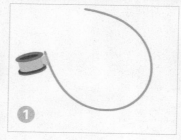

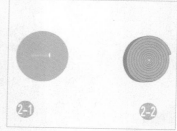

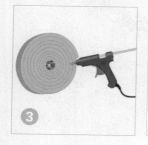

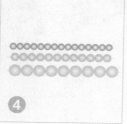

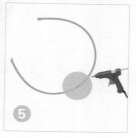

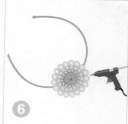

娇颜

材料：27颗彩色碎石，2颗蓝色珠子，1颗米珠，1根牛角簪

配件：1根五色丝线（长约170厘米）

制作步骤

①在牛角簪上缠五色丝线。

②缠至1/3处串入1颗蓝色珠子，至2/3处串入另一颗蓝色珠子。

③缠绕完成后，用1颗米珠将两端的线串起，打结，烧粘即成。

④截取一段丝线，约15厘米，将彩色碎石串入这根丝线上。

⑤如图⑤，将步骤④完成的碎石串绕在2颗珠子上，最后用1颗米珠将串碎石的丝线两端一起套入，打结，烧粘即可。

注意

在操作步骤④时，留出一段约6厘米的余线。

①

②

③

④

⑤

七月流火

材料：19颗水晶珠，1根细绸带，6颗钻饰，1根普通绸带

配件：1个发箍，2根铜丝

制作步骤

1 在发箍上缠上双面胶，将普通绸带粘在其上。

2 将细绸带系成一个蝴蝶结，将6颗钻饰粘在蝴蝶结的中央。

3 分别在两根铜丝上串入水晶珠，1根上面串入5颗水晶珠，1根上面串入14颗水晶珠。

4 先将串有14颗水晶珠的铜丝缠绕在发箍上。

5 再将串有5颗水晶珠的铜丝缠绕在14颗水晶珠上面。

6 最后，将步骤2的蝴蝶结粘在水晶珠之间。

注意

在操作步骤4时，在中间留出些余地给步骤2的蝴蝶结。

①

②

③

④

⑤

⑥

君心

材料：18颗水晶珠，17颗珍珠，17个米珠，1根细绸带，1根普通丝带

配件：1个发箍，35个圆头大头针，1根鱼线（长约20厘米）

制作步骤

1 在1个圆头大头针上串入1颗水晶珠，用钳子将大头针的一端弯成圆圈。此配件需完成18个。

2 在1个圆头大头针上串入1颗米珠，再串入1颗珍珠，然后用钳子将大头针的一端弯成圆圈。此配件需完成17个。

3 先把双面胶缠在发箍上，然后将普通丝带缠在其上。

4 用鱼线将步骤1、2完成的配件串起，按照图4中的样子将其紧紧缠绕在发箍上。

5 如图5，在珍珠和水晶之间，用细绸带系一个蝴蝶结。最后，剪一根丝带，粘在发箍内部，防止鱼线刮到头发。

梦里花落

材料：13颗珍珠，19颗亚克力珠，2块针织布
配件：1个发卡，4根铁丝（各长约8厘米）

制作步骤

1 将两块针织布各自对折，然后按照图①中的样子相叠，用热熔胶粘牢。

2 按照图②中珠子的顺序，在每根铁丝上串珠。共需串好4根珠链。

3 将串好的珠链，两两一组，铁丝两端相扭，然后插入步骤①完成的针织布中。

4 最后，用热熔胶将发卡粘在针织布的下方。

①

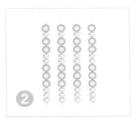
②

③

④

玫瑰香

材料：18个玫瑰形饰物

配件：1根粗弹力线（长约20厘米），1块铜片，19个8字铜扣

制作步骤

❶ 如图❶，将弹力线首尾相连，并用铜片包住其中心部位。

❷ 用8字铜扣将"玫瑰"一个一个地连结在一起。

❸ 最后，如图❸所示，用2个铜扣将玫瑰和弹力线相连。

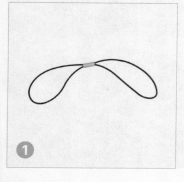

数寒星

材料：约1500颗米珠（根据米珠的大小形状而定）

配件：5根鱼线（各长约80厘米），1根发带，2块绸布

制作步骤

1 分别在5根鱼线上串入米珠，串成5根米珠链。

2 用串好的5根米珠链编三股辫。

3 编好后，将米珠链的两端分别和发带的两端相粘。

4 将两块绸布分别粘在米珠链和发带两端的连接处。

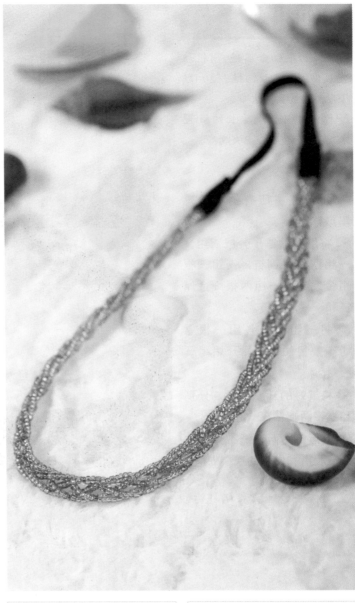

情如织

材料： 2根细金属链，1根粗金属链，2根古铜链，200颗小珍珠，3根雪纺布条

配件： 1根鱼线（长约50厘米），1个发带，2块绸布

制作步骤

① 用鱼线将所有的小珍珠串成珍珠链。

② 将所有的链子分成三组，一组两根古铜链，一组一根粗金属链，一组两根细金属链和一根珍珠链。

③ 将三组链子各用一根雪纺布条包住，然后开始编三股辫。

④ 将编好的三股辫两端分别和发带两端粘在一起。

⑤ 最后，将两块绸布分别粘在三股辫和发带的连接处。

 ①

 ②

 ③

 ④

 ⑤

圆舞曲

材料：91个珍珠（其中21颗大的，70颗小的）

配件：2个带孔圆片，1根皮筋，21个花托，91个圆头大头针，1根鱼线（长约20厘米）

制作步骤

❶ 将小珍珠串入圆头大头针，并用钳子将大头针一头弯成圆圈，此配件共需完成70个（配件1）。

❷ 在剩余的圆头大头针上，每个都先串入花托，再串入大珍珠，然后用钳子将其一端弯成圆圈，此配件共需完成21个（配件2）。

❸ 将两个带孔圆片部分交叠，用鱼线将其位置固定。

❹ 鱼线在圆片上穿梭的同时，将配件1和配件2串入鱼线，形成图❹中所示的效果。全部串完后，将鱼线打结即可。

❺ 最后，用热熔胶将皮筋粘在圆片的后方，一个头饰就完成了。

一线光

材料：1根木簪，5颗木珠，1颗印花木珠，7颗金属珠，1个叶子木坠

配件：1根7号线（长约60厘米）

制作步骤

❶ 用美工刀在木簪顶端钻一个小孔（可容7号线穿过即可）。

❷ 如图❷，先将线对折，拧成两股辫，再对折，然后留出5厘米，打一个单结。

❸ 在单结下方，串入2颗木珠、2颗金属珠、1颗印花木珠；接着，串入1颗木珠、2颗金属珠、1颗木珠再打一个结。

❹ 如图❹，一根线上串入"叶子"，一根线的尾端串入2颗金属珠和1颗木珠。

❺ 最后，顶部将预留的线串入木簪，并在线上串入1颗金属珠，打一个单结固定。

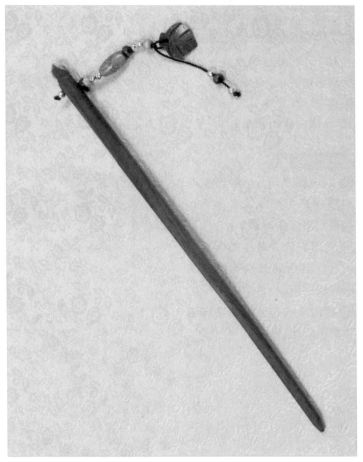

❶

❷

❸

❹

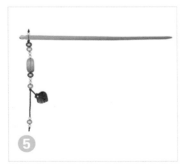

❺

雨霏霏

材料： 170颗透明米珠，170颗黑色塑料珠

配件： 1根发带，2块绸布，3根鱼线（长约40厘米）

制作步骤

① 以1颗米珠、1颗塑料珠的顺序在1根鱼线上串珠，共需要串3条珠链。

② 将串好的3条珠链合并在一起，其两端分别和发带的两端相粘连。

③ 将两块绸布分别粘在珠链和发带的连接处。

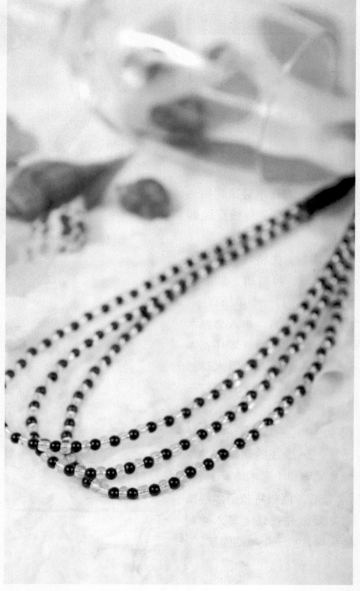

① ② ③

时光

材料：16颗钻饰，143颗珍珠

配件：1根鱼线（长约100厘米），1根发带，2块绸布

制作步骤

❶ 按照图❶中珠子的顺序，用鱼线将珍珠全部串好。

❷ 如图❷，在串好的珠链中间，粘上钻饰。

❸ 将串好的珠链两端分别与发带的两端相粘。

❹ 最后，将两块绸布分别粘在珠链与发带的连接处。

暗夜舞者

材料： 1颗钻石，1块细绒布，35颗大亚克力珠，70颗小亚克力珠，210个管珠

配件： 1个发卡，1块毡布，鱼线（共需200厘米）

制作步骤

① 将毡布剪成圆形。将绒布折成蝴蝶结的样子，用热熔胶将发卡粘在蝴蝶结的下方。

② 以2颗管珠、1颗小亚克力珠、1颗管珠、1颗大亚克力珠、1颗管珠、1颗小亚克力珠，2颗管珠的顺序在鱼线上串珠。共需串35颗。

③ 如图③，将串好的配件有层次地缝在圆形毡布上，最后形成一朵花状。

④ 用热熔胶将1颗钻石粘在花朵的中央，作为花心。

⑤ 最后，将毡布缝在蝴蝶结的中央。

三月花事

材料：8颗镂花珠，156颗珍珠，12颗金属珠

配件：1个发卡，7根软铁丝（5根长约15厘米，2根长约7厘米），5个圆头大头针，4根鱼线（长约25厘米）

制作步骤

① 在一个大头针上串入一颗镂花珠，用钳子将大头针的一端弯成圆圈，此配件需完成5个。

② 将5根15厘米长的铁丝各自对折，开始串珠，串成5条珍珠链。

③ 将12颗金属珠分成两组，每组6颗，分别串入剩余的2根铁丝。

④ 取1根鱼线，在其中央串入1颗镂花珠，然后在镂花珠的两侧分别串入珍珠，每侧串入27颗。串好后，将鱼线的两端在中央的镂花珠处相系，使其成蝴蝶结形。重复此步骤，完成3条珍珠蝴蝶结。

⑤ 将步骤④完成的3个蝴蝶结相叠放在发卡上，用剩下的鱼线将蝴蝶结缠绕在发卡上。为使蝴蝶结固定，将步骤③完成的金属珠链分别绑在镂花珠的两侧。

⑥ 将步骤①完成的5个配件分别挂在步骤②完成的5条珍珠链下方。

⑦ 最后，将5条珍珠链挂在蝴蝶结的中央。

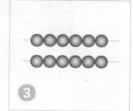

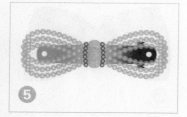

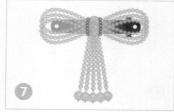

墨然

材料：74颗米珠，116颗黑珠

配件：1根鱼线（长约100厘米），1根发带，2块绸布

制作步骤

1️⃣ 按照图❶中所示，将所有珠子用鱼线串成链。

2️⃣ 将串好的珠链两端和发带的两端粘在一起。

3️⃣ 最后，将两块绸布分别粘在发带与珠链的连接处。

❶

❷

❸

荆棘

材料：5个金属花饰，1根宽松紧带（长约20厘米）

配件：2个夹片，6个单圈

制作步骤

① 用单圈将每个金属花饰相连。

② 在相连的花饰两端装上两个夹片。

③ 将松紧带的两端分别用夹片夹住，用钳子夹紧固定，即成。

那年青丝

材料：5颗亚克力珠，1颗扁形水晶珠，16颗珍珠（7颗小的，9颗大的），2颗金色珠，1根夹金丝绸带

配件：1个发箍，10个T针，5个圆头大头针，9个花托，1根鱼线（长约20厘米）

制作步骤

① 将1颗扁形水晶珠串入1个T针，用钳子将T针一端弯成圆圈。

② 在1个T针上串入1个花托，再串入1颗大珍珠，然后用钳子将T针的一端弯成圆圈。此配件需完成9个。

③ 将亚克力珠串入圆头大头针，用钳子将大头针的一端弯成圆圈。此配件需完成5个。

④ 在发箍上缠上双面胶，然后将绸带粘在其上。

⑤ 最后，用鱼线将所有的配件和珠子串起，然后缠绕在发箍上（珠子的位置可根据个人喜好而定）。

璀璨俗世

材料：124颗水晶珠，80颗米珠

配件：1根鱼线（长约100厘米），1根发带，2块绸布

制作步骤

① 按照图❶中珠子的顺序，将水晶珠和米珠串入鱼线(具体串法同"冰晶"，可共同参考）。

② 将串好的珠链两端分别与发带的两端相粘连。

③ 将两块绸布分别粘在珠链和发带的连接处。

缠绵

材料：16颗亚克力珠

配件：1根粗铁丝（长约40
厘米），1根细铜丝（长约1
米），1根缎带（长约1.2米）

制作步骤

① 将粗铁丝弯成发卡的形
状，并在其上缠绕上双面胶。

② 将缎带缠在铁丝上。

③ 缎带缠好后，取出细铜丝，
缠绕在缎带上，每缠绕一段
串入一颗亚克力珠。

④ 将铜丝和亚克力珠缠绕好
后，用钳子将铜丝夹紧固定，
最后调整珠子的位置即可。

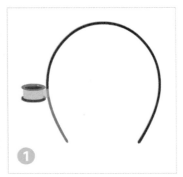

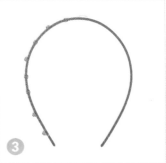

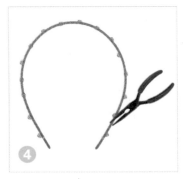